Juliane Barten

Arbeitsblätter Ackerbau

2., aktualisierte Auflage

138 Abbildungen
39 Tabellen

Die in diesem Buch enthaltenen Empfehlungen und Angaben sind von der Autorin mit größter Sorgfalt zusammengestellt und geprüft worden. Eine Garantie für die Richtigkeit der Angaben kann aber nicht gegeben werden. Autorin und Verlag übernehmen keinerlei Haftung für Schäden und Unfälle.
Bitte setzen Sie bei der Anwendung der in diesem Buch enthaltenen Empfehlungen Ihr persönliches Urteilsvermögen ein.
Der Verlag Eugen Ulmer ist nicht verantwortlich für die Inhalte der im Buch genannten Websites.

Abbildungsverzeichnis:

Titelbild: Bodor Tivadar/Shutterstock.com
Flubacher, Helmut: S. 39 u., 132 o.
Piestricow, Artur: S. 11, 12, 15 u. re., 16, 17,18, 19, 20 u., 21, 22, 23, 24, 29, 36 o., 40, 42, 43, 49, 62, 71 u., 72, 83, 89, 93, 96, 97 u., 110, 114, 116, 132 u., 135
Die übrigen Abbildungen stammen aus dem Archiv des Ulmer Verlags.

Lösungsheft: ISBN: 978-3-8186-1038-8, als e-book erhältlich

Bibliografische Information der Deutschen Nationalbibliothek
Die Deutsche Nationalbibliothek verzeichnet diese Publikation in der Deutschen Nationalbibliografie; detaillierte bibliografische Daten sind im Internet über http://dnb.d-nb.de abrufbar.

Wollgrasweg 41, 70599 Stuttgart (Hohenheim)
E-Mail: info@ulmer.de
Internet: www.ulmer.de
Lektorat: Pia Fehrenbach
Herstellung: Isabell Scherrieble
Umschlaggestaltung: Atelier Reichert, Stuttgart
Satz: r&p digitale medien, Echterdingen
Druck und Bindung: Pustet, Regensburg
Printed in Germany

ISBN 978-3-8186-0724-1

1 Standortfaktoren

1.1 Wetter und Klima

Die Arbeit des Landwirts wird weitestgehend von Klima und Wetter beeinflusst.

Erklären Sie die Unterschiede zwischen Wetter und Klima.

Klima: ....

Wetter: ....

Nennen Sie die Faktoren, die das Wetter bzw. das Klima bestimmen.

....

Zur Messung der Lufttemperatur wird .... verwendet.

Der Luftdruck wird mit .... gemessen.

Diese Faktoren wiederum stehen in engem Zusammenhang mit der geographischen Breite, der Höhe über dem Meeresspiegel, der Lage zum Meer sowie der Morphologie. Erklären Sie die Zusammenhänge.

Geographische Breite: ....

....

....

Höhe über dem Meeresspiegel: ....

....

....

Lage zum Meer: ....

....

....

Morphologie: ....

....

....

Beschreiben Sie die Lage Ihres Betriebes im Zusammenhang mit den Faktoren.

....

....

....

....

....

....

....

Über dem Meeresspiegel (NN) beträgt der Luftdruck: ....

Mit zunehmender Höhenlage ....

Gemessen wird der Luftdruck mit einem ....

Steigender Luftdruck bedeutet: ....

Die Wetterämter messen den Luftdruck jeden Tag an vielen Orten der Erde. Die Ergebnisse werden in Wetterkarten zusammengetragen. In den Wetterkarten werden Orte mit dem gleichen Luftdruck durch Linien verbunden.

Diese Linien werden .... genannt.

Erklären Sie die Ausdrücke:

Tiefdruckgebiet: ....

Hochdruckgebiet: ....

Tiefdruckgebiete entstehen häufig: ....

....

Und wandern nach ....

Sie bringen ....

Hochdruckgebiete entstehen häufig ....

....

Sie bedeuten meistens ....

....

T 995

1000

1005

H 1025

1020

1015

1010

Erklären Sie die Entstehung von Winden und tragen Sie in die Abbildung ein, welche Winde warme, kalte, feuchte und trockene Witterung bringen:

....

....

....

....

....

....

N

W O

S

Die Luft enthält Wasser in Form von ....

Mit Luftfeuchtigkeit gesättigte Luft enthält je m³ g H_2O. Welche Schlüsse ziehen Sie daraus?

Temperatur	−10	−5	0	5	10	15	20	25	30
g H_2O/m^3	2,1	3,2	4,7	6,8	9,4	12,8	17,3	23,1	30,4

....

....

Erklären Sie den Ausdruck relative Luftfeuchtigkeit.

....

....

Gemessen wird die relative Luftfeuchtigkeit mit einem Hygrometer.

Wie hoch ist die relative Luftfeuchtigkeit, wenn morgens bei 10 °C und 9 g H_2O die Luft gesättigt ist und sich die Temperatur bis Mittag auf 25 °C erhöht? ....

Welche Folgen hat die Übersättigung der Luft mit Wasserdampf?

....

....

Beschreiben Sie den Vorgang

a) der Wolkenbildung: ....

b) der Wolkenauflösung: ....

Erläutern Sie die Tagestemperaturkurve im Sommer.

....

....

....

....

....

....

....

....

....

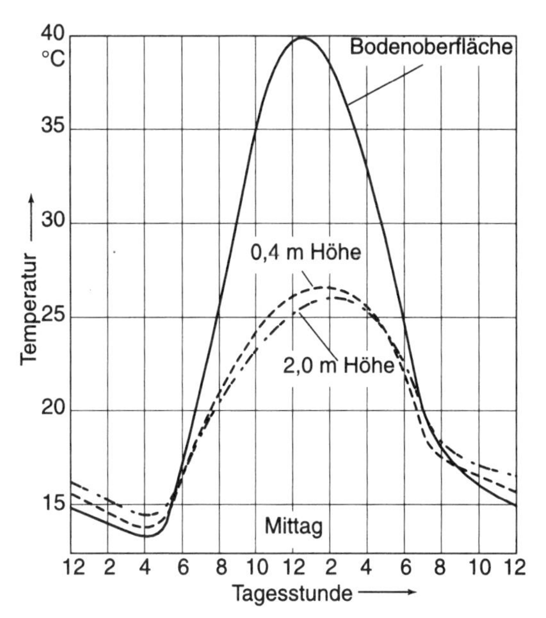

Unser Wettergeschehen wird hauptsächlich von Warm- und Kaltluftströmungen bestimmt. Erklären Sie die Zeichen: Bestimmen Sie die Wetterverhältnisse an der Erdoberfläche und tragen Sie die Namen der Wolkenformen ein.

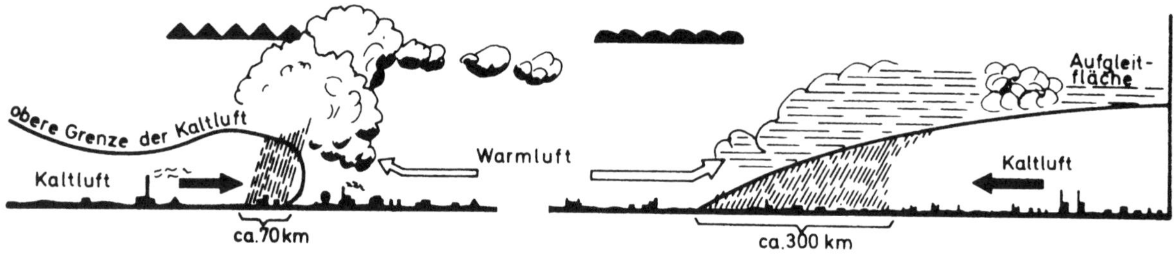

Temperatur

Luftdruck

Feuchtigkeit

Wolkenform

Durch starke Abkühlung kann es in klaren Nächten zur Bildung von Kaltluftseen kommen. Wo entstehen sie?

In welchen Lagen besteht Nachtfrostgefahr?

Welche Pflanzen sind besonders gefährdet?

Für das Geländeklima sind entscheidend:

a) Einfallswinkel der Sonne:

b) folgende Faktoren:

Einflüsse auf die Landwirtschaft

Die Witterungsumstände sind für den Landwirt in vielerlei Hinsicht von Bedeutung. Wichtig sind Sie besonders zur Vorhersage und Einschätzung bei der Ausbreitung von Krankheiten und Schädlingen. Aber auch das Verhalten von Pflanzenschutzmitteln sowie die Düngung werden von den Witterungsumständen beeinflusst.

Nennen Sie drei wichtige Schadpilze sowie die für deren epidemische Vermehrung notwendigen Witterungsvoraussetzungen.

....

....

....

....

....

....

....

....

Welchen Einfluss hat die Witterung auf die Düngung?

....

....

....

....

....

Die Witterung beeinflusst ebenfalls das Verhalten von Pflanzenschutzmitteln. Erklären Sie die Zusammenhänge.

....

....

....

....

....

1.2 Boden

Die Grundlage der landwirtschaftlichen Produktion ist der Boden. Zusammensetzung und Qualität beeinflussen die Ertragsfähigkeit und die Ertragssicherheit wesentlich. Entscheidend dafür ist vor allem das Ausgangsgestein.

Verbreitung der Ausgangsgesteine wichtiger Bodenbildung:

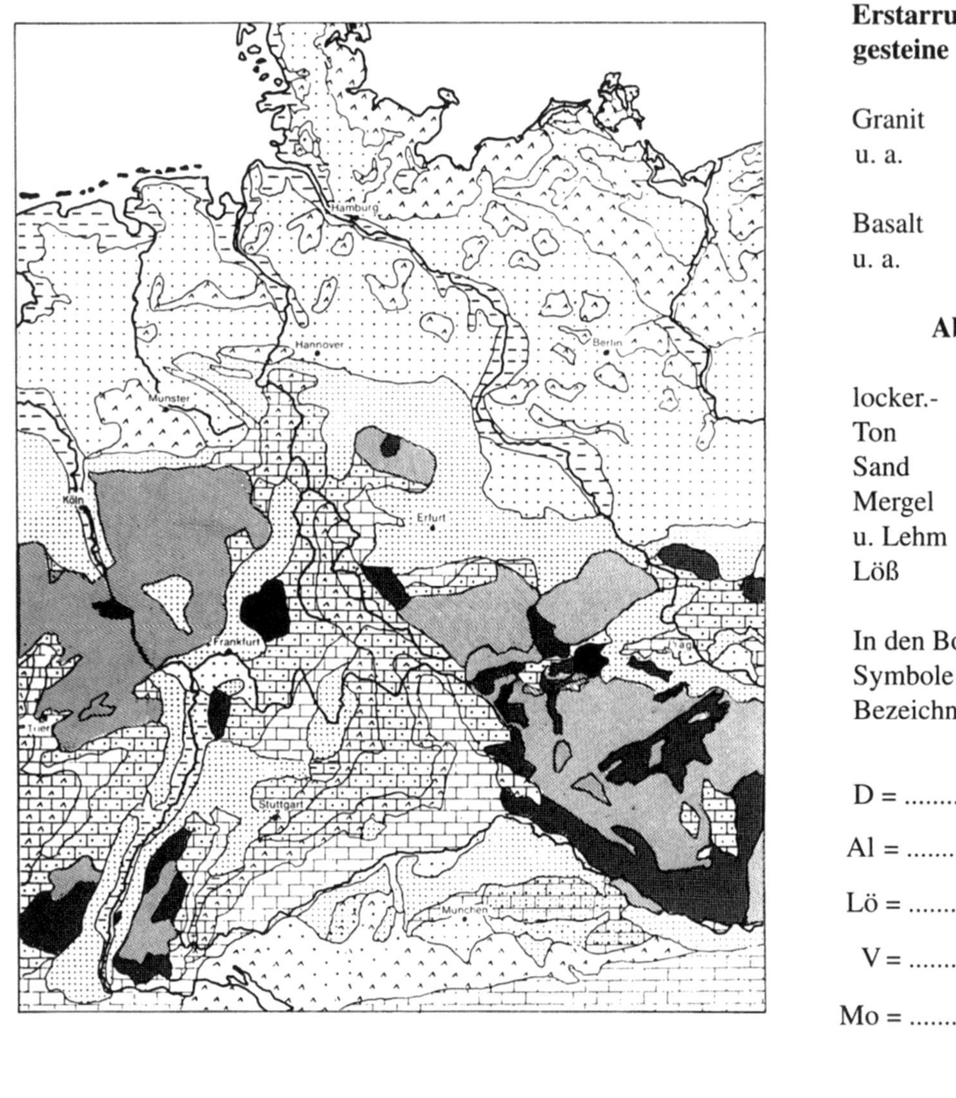

Erstarrung-gesteine

Granit u. a.

Basalt u. a.

Umwandlungs-gesteine

Gneis u. a.

Schiefer u. a.

Absatzgesteine

locker.-
Ton
Sand
Mergel u. Lehm
Löß

verfestigt.-
Schieferton
Sandstein
Mergel
Kalkstein

In den Bodenkarten stehen die Symbole der Bodenschätzung. Bezeichnen Sie dieselben:

D = ...

Al = ...

Lö = ...

V = ...

Mo = ...

Berichten Sie über das Ausgangsgestein am Standort Ihres Betriebes.

....

....

....

....

....

....

....

....

....

Kreislauf der Gesteine

Auch die Gesteine unterliegen einem Kreislauf, an dem eine große Zahl von Prozessen beteiligt ist.

Beschreiben Sie den Kreislauf anhand der Abbildung und nennen Sie die Prozesse.

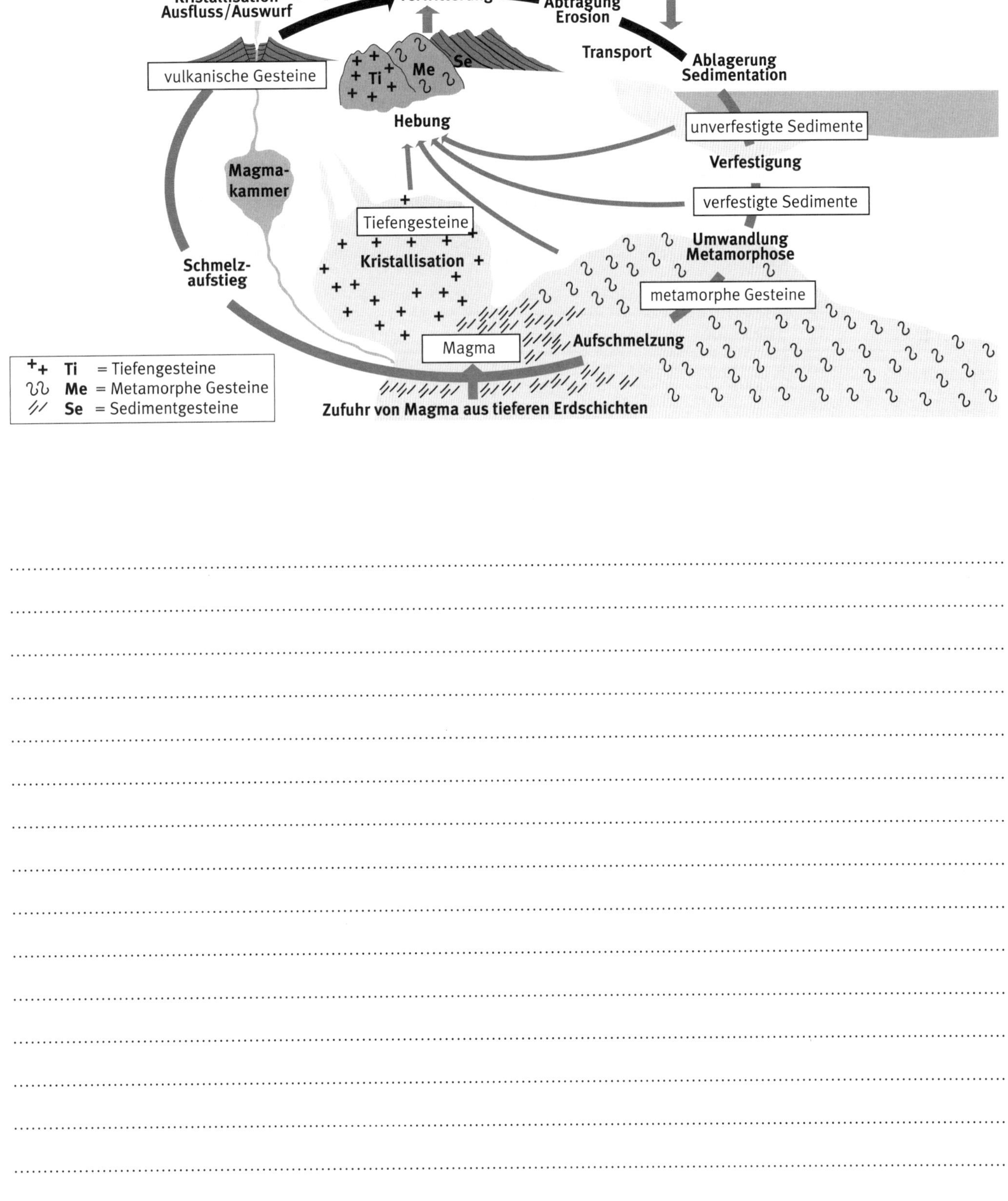

....

....

....

....

....

....

....

....

....

....

....

....

....

....

....

....

Exkurs: Gesteinsarten

Die Gesteine werden in drei Gesteinsarten unterteilt. Nennen Sie Beispiele und ergänzen Sie:

1. Magmatite

Plutonite (Tiefengestein) ....

verwittern leichter als die feinkörnige Ergussgesteine

→ verwittern zu Sand oder sandigem Lehm

Vulkanite (Ergussgestein) ....

→ verwittern zu steinigem bis tonigem Lehm

Jeder Vulkanit hat als chemisches Gegenstück einen Plutonit. Sie gleichen sich in der chemischen Zusammensetzung, unterscheiden sich jedoch aufgrund der Kristallisation.

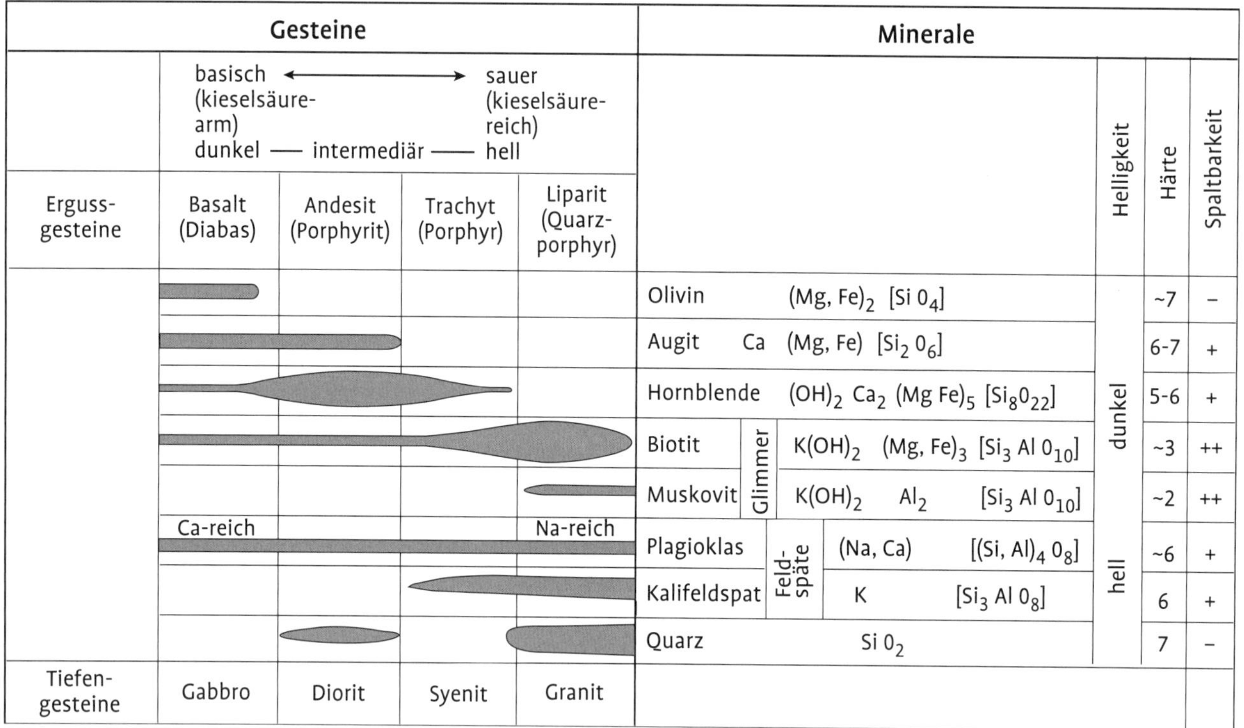

Gesteine					Minerale					
	basisch ↔ sauer (kieselsäure-arm) (kieselsäure-reich) dunkel — intermediär — hell							Helligkeit	Härte	Spaltbarkeit
Erguss-gesteine	Basalt (Diabas)	Andesit (Porphyrit)	Trachyt (Porphyr)	Liparit (Quarz-porphyr)						
					Olivin		$(Mg, Fe)_2$ $[Si\ O_4]$	dunkel	~7	–
					Augit		Ca (Mg, Fe) $[Si_2\ O_6]$	dunkel	6-7	+
					Hornblende		$(OH)_2$ Ca_2 $(Mg\ Fe)_5$ $[Si_8 O_{22}]$	dunkel	5-6	+
					Biotit	Glimmer	$K(OH)_2$ $(Mg, Fe)_3$ $[Si_3\ Al\ O_{10}]$	dunkel	~3	++
					Muskovit	Glimmer	$K(OH)_2$ Al_2 $[Si_3\ Al\ O_{10}]$		~2	++
	Ca-reich			Na-reich	Plagioklas	Feld-späte	(Na, Ca) $[(Si, Al)_4\ O_8]$	hell	~6	+
					Kalifeldspat	Feld-späte	K $[Si_3\ Al\ O_8]$	hell	6	+
					Quarz		$Si\ O_2$	hell	7	–
Tiefen-gesteine	Gabbro	Diorit	Syenit	Granit						

2. Sedimentgesteine

Trümmergesteine Lockersedimente wird durch Diagenese zu Festsediment

....

....

....

....

Biogene Sedimente	Entstanden aus Skelett- und Schalenresten von Tieren → z. B. ....
Chemische Sedimente	leichtlösliche Salze, die wieder ausgefällt werden, Entstehung von Salzlagern → z. B. ....
Organische Sedimente	aus organischen Rückständen von Tieren und Pflanzen entstanden → z. B. ....

3. Metamorphite

Ausgangsgestein	wird durch Metamorphose zu	Umwandlungsgestein
....		....
....		....
....		....
....		....
....		....

Entstehung des Bodens – Verwitterung

Die Entstehung der Böden vollzog sich in Millionen von Jahren. Bezeichnen Sie die wirksamen Kräfte der Bodenbildung:

....

....

Die Verwitterung setzt sich auch auf unseren Böden ständig fort. Die Verwitterungsprodukte bleiben nicht an Ort und Stelle. Sie werden von verschiedenen Naturkräften abgetragen und an andere Standorte umgelagert. Unterschieden wird in:

Ortsböden	Umgelagerte Böden	
Bodenbildende Gesteine:	Transportierende Kräfte	es entstehen:
....	....	....
....	....	....
....	....	....

Nach Art der Verwitterung wird unterschieden in physikalische, chemische und biologische Verwitterung.
Beschreiben Sie die Verwitterungsarten und nennen Sie Beispiele:

physikalische Verwitterung: ....

....

....

....

chemische Verwitterung: ....

....

....

biologische Verwitterung: ....

....

....

Bodenabtragung = ... findet ständig auf unserem Ackerland statt.
Welche Maßnahmen dienen der Verhinderung der Bodenabtragung?

....

....

....

Bodenbestandteile

Der Boden setzt sich aus verschiedenen Bestandteilen zusammen. Nennen Sie diese.

....

....

Durch die Verwitterung des Ausgangsgesteins entsteht ein Gemisch aus unterschiedlichen Korngrößen.
Ergänzen Sie die Größenangaben.

Feste Bodensubstanz

Grobboden / Bodenskelett

....

– gerundet Kiese

– eckig Steine

Feinboden

Sand ....

Schluff ....

Ton ....

Beurteilen Sie die Zusammensetzung der Böden in Ihrem Betrieb. Machen Sie hierzu

a) eine Fingerprobe. Wie erkennen Sie die mineralischen Bodenbestandteile?

Sand: ....

Schluff: ....

Ton: ....

b) eine Abschlämmprobe

Bestimmen Sie die Teile:

....

....

....

....

Beschreiben Sie aus Ihrer Erfahrung die Eigenschaften der Bodenbestandteile:

	Sand	Schluff	Ton
Oberfläche der Teile	....	....	....
Haftung der Teilchen	....	....	....
Fähigkeit, Wasser zu halten	....	....	....
Nährstoffe zu halten	....	....	....
Krümelbildung möglich	....	....	....
Durchlüftung	....	....	....

Bodenart

Die Bodenart wird bestimmt von der Kornfraktion des ....

Aus dem Körnungsdiagramm lassen sich die Bodenbestandsanteile und die Bodenart bestimmen.
Tragen Sie die Abkürzungen der Bodenarten ein und bestimmen Sie die Bestandteile der Bodenarten an den bestimmten Punkten.

Bodenart

1. Schluff .... Ton .... Sand ....

2. Schluff .... Ton .... Sand ....

3. Schluff .... Ton .... Sand ....

4. Schluff .... Ton .... Sand ....

Einfluss der Bodenart auf die Bodeneigenschaft und die Ertragsfähigkeit.

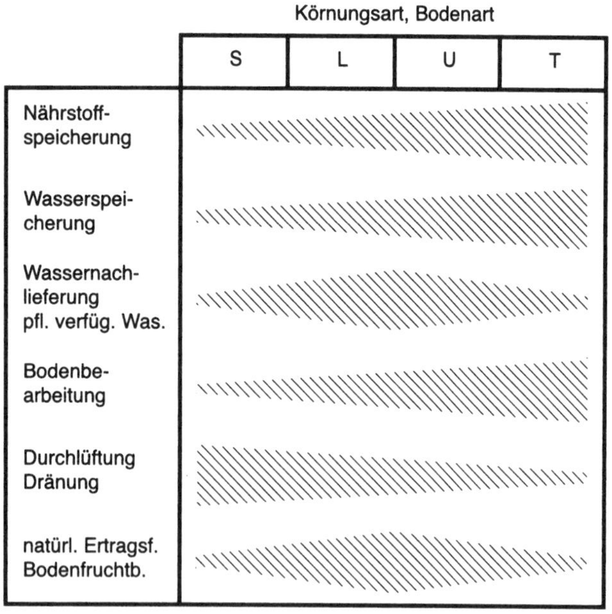

Körnungsart, Bodenart

	S	L	U	T
Nährstoff-speicherung				
Wasserspei-cherung				
Wassernach-lieferung pfl. verfüg. Was.				
Bodenbe-arbeitung				
Durchlüftung Dränung				
natürl. Ertragsf. Bodenfruchtb.				

Welche Eigenschaften haben die einzelnen Bodenarten? Erklären Sie die nebenstehende Abbildung.

....

....

....

....

....

....

....

....

....

....

....

Bodenschätzung

Nach der Reichsbodenschätzung werden die Bodenarten nach den abschlämmbaren Teilchen bezeichnet.

Bodenart	Symbol	Anteil abschlämmbarer Teilchen
....	S	....
....	LS	....
....	SL	....
....	L	....
....	LT	....
....	T	....

Die Reichsbodenschätzung wurde 1934 durchgeführt. Sie gibt in einer Bodenzahl den Ertragswert des Bodens an. Je höher die Bodenzahl (zwischen 1 und 100), desto besser ist der Boden. Hierbei spielt neben der Bodenart die Bodenentstehung und die Zustandsstufe eine Rolle.

Bodenkarte 1:5000 auf der Grundlage der Bodenschätzung in NRW:

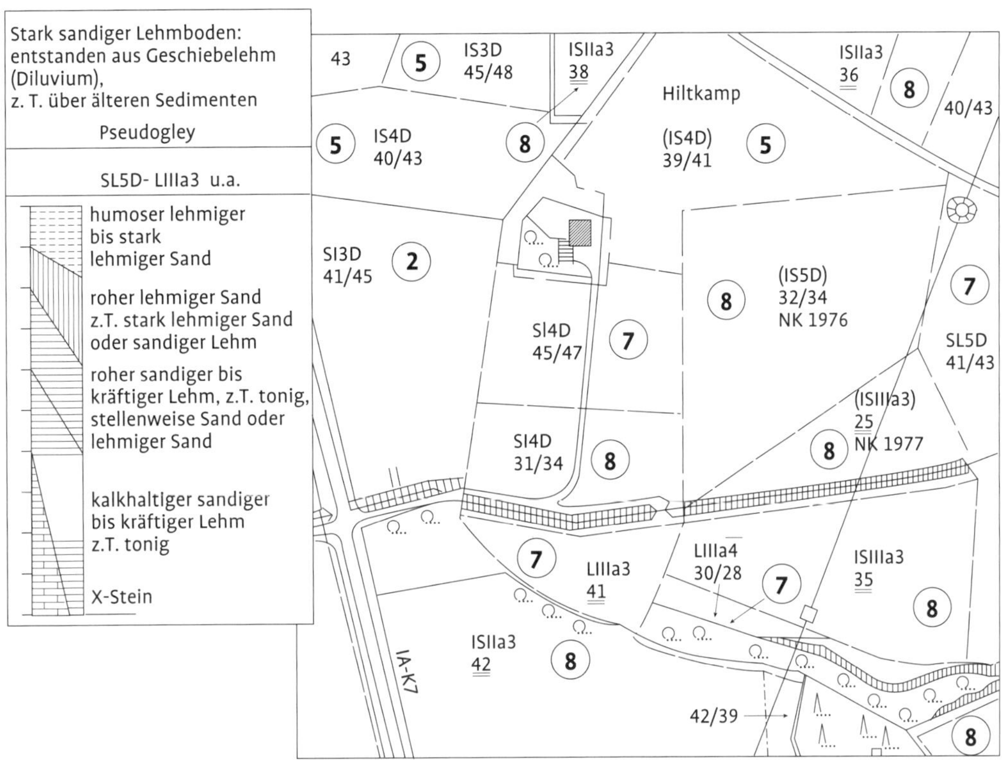

Der Bodenkarte können Informationen über die Bodenart, das geologische Alter bzw. Ausgangsgestein und der Zustandsstufe entnommen werden.

Erklären Sie diese Informationen näher.

1. Bodenart:

....

....

....

....

2. Das geologische Alter:

....

....

....

....

....

....

....

....

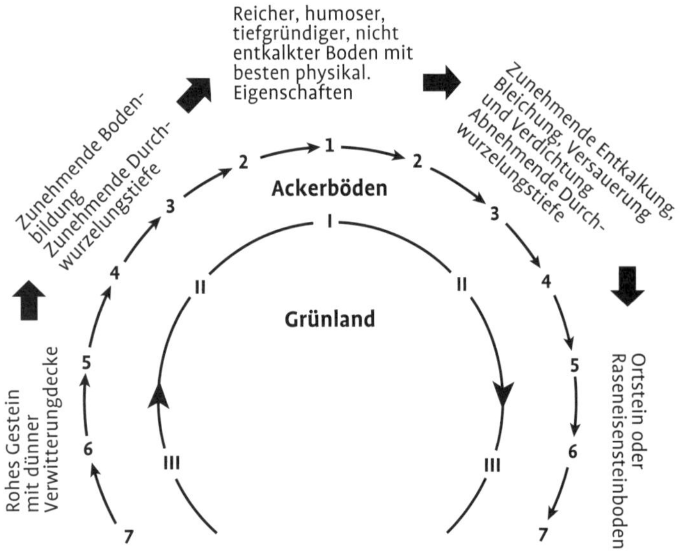

Reicher, humoser, tiefgründiger, nicht entkalkter Boden mit besten physikal. Eigenschaften

Zunehmende Bodenbildung
Zunehmende Durchwurzelungstiefe

Zunehmende Entkalkung, Bleichung, Versauerung und Verdichtung
Abnehmende Durchwurzelungstiefe

Ackerböden

Grünland

Rohes Gestein mit dünner Verwitterungdecke

Ortstein oder Raseneisensteinboden

1 2 3 4 5 6 7

I II III

3. Zustandstufe:

....

....

....

....

....

....

....

....

....

Erklären Sie Schätzungsergebnisse:

L3 Al 75/ 78 ....

L 4 Al 65/ 70 ....

LT 3 D 62/ 65 ....

Wie müssten die Schätzungsergebnisse folgender Böden aussehen?

Lehmiger Sand, mittelgründig durchwurzelt, mäßig frisch, entstanden aus Ton- und Sandstein ....

Anlehmiger Sand, mittelgründig versauert, entstanden aus Sand ....

Lehm, tiefgründig, locker, humos, gut durchwurzelt, entstanden aus Löss ....

Wie können Böden verbessert werden?

a) Sandböden: ....

b) Tonböden: ....

Berichten Sie über die Entstehung der Böden Ihres Heimatkreises. Welche Informationen liefert Ihnen dabei die Bodenkarte?

....

....

....

....

....

....

....

Bodengefüge (Bodenstruktur)

Für die Beurteilung der Fruchtbarkeit der Böden ist deren Gefüge oft entscheidender als die Bodenart. Unter Gefüge verstehen wir die Lagerungsart der Bodenteilchen.

Zur Beurteilung des Gefüges für ackerbauliche Fragestellungen genügt oft die Spatendiagnose. Beschreiben Sie die Spatendiagnose.

....

....

....

Die Bodenteilchen können:

a) einzeln lagern b) zu Krümeln verbunden sein

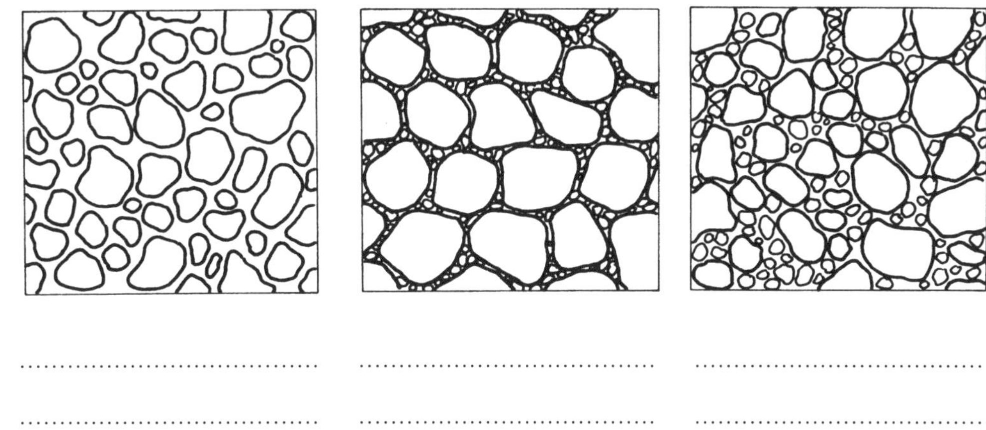

Gefügeart: ....

Eigenschaften: ....

Ergänzen Sie die Gliederung des Makrogefüges.

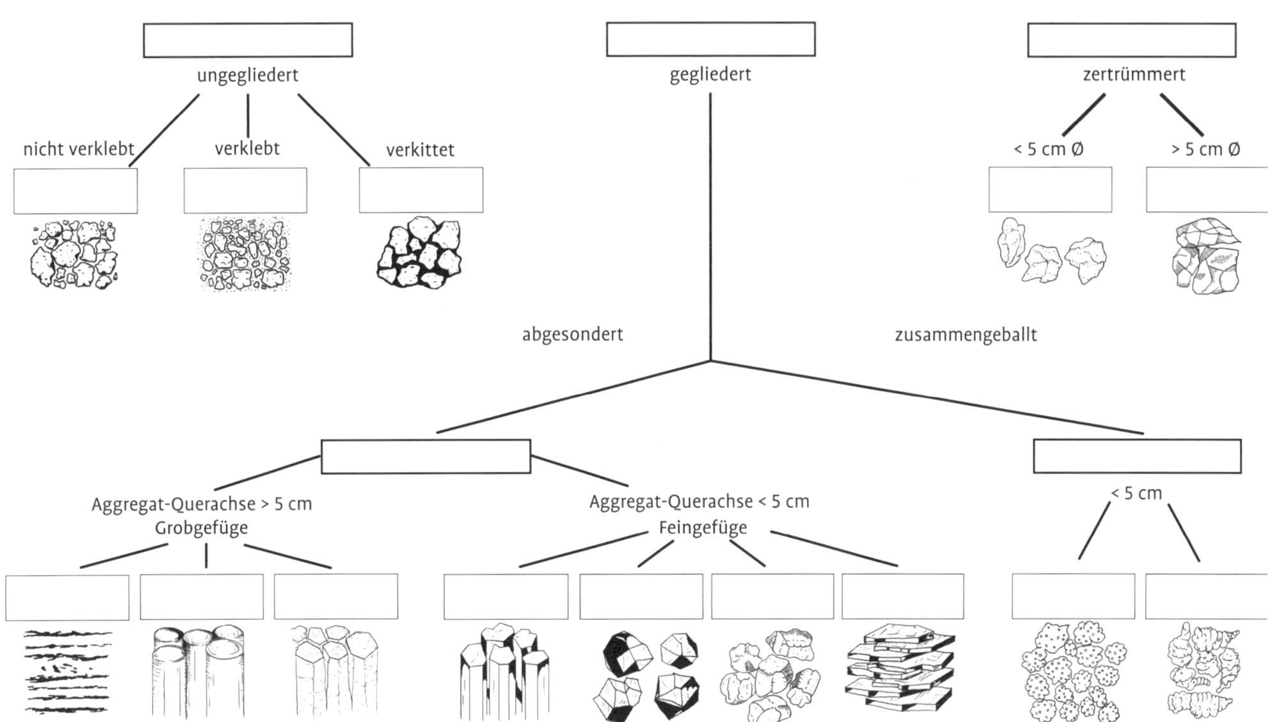

* innerhalb der Schichten können verschiedene Gefügeformen ausgebildet sein

Welche Bedeutung haben Bodenkolloide (Bodenteilchen < 0,00005 mm) für das Bodengefüge?

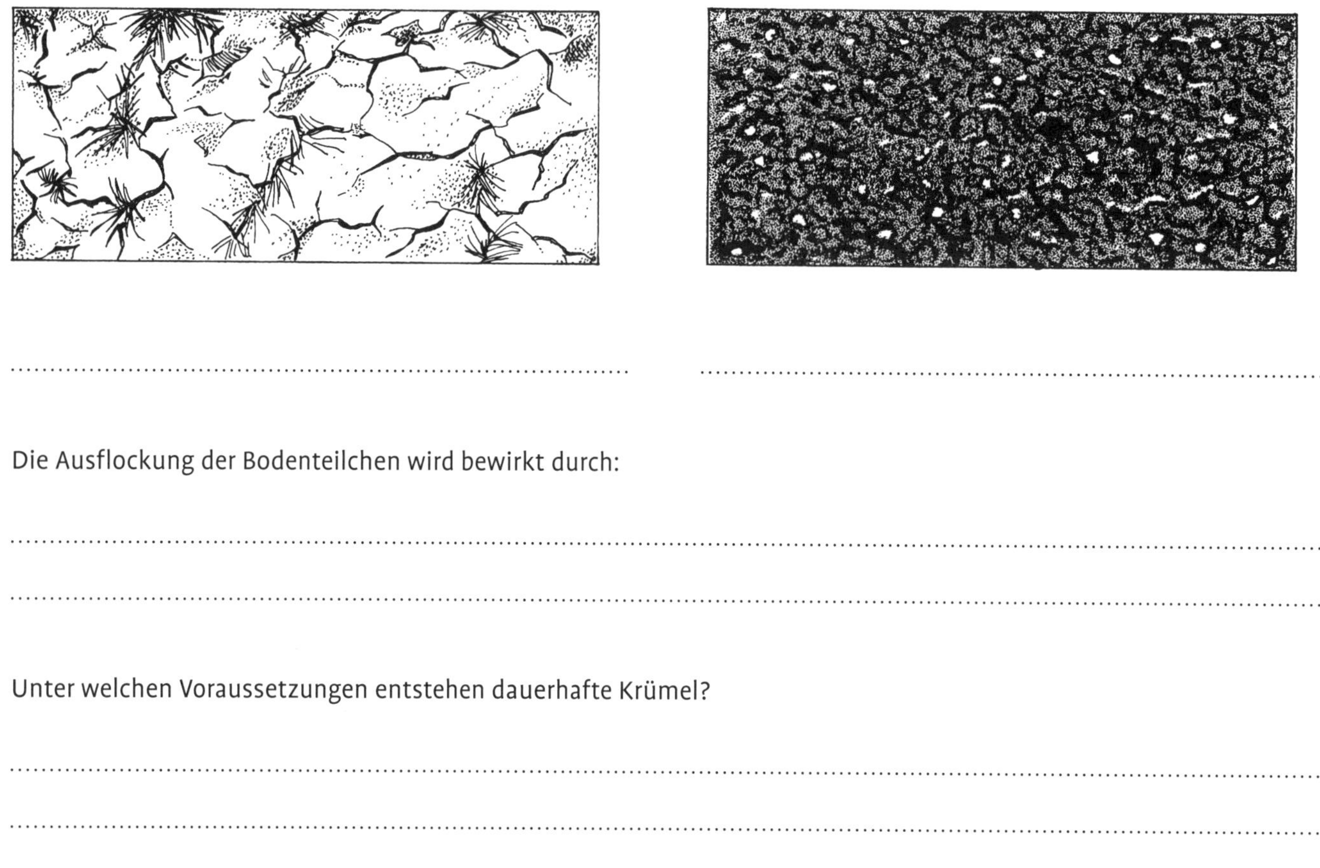

Die Ausflockung der Bodenteilchen wird bewirkt durch:

Unter welchen Voraussetzungen entstehen dauerhafte Krümel?

Führen Sie eine Spatendiagnose durch und bestimmen Sie das Gefüge.

Bodenwasser

Das Wachstum der Pflanzen ist am Günstigsten, wenn das ganze Jahr über pflanzenverfügbares Wasser zur Verfügung steht. Die Menge und Verteilung der Niederschläge ist nach Region und Witterung unterschiedlich.

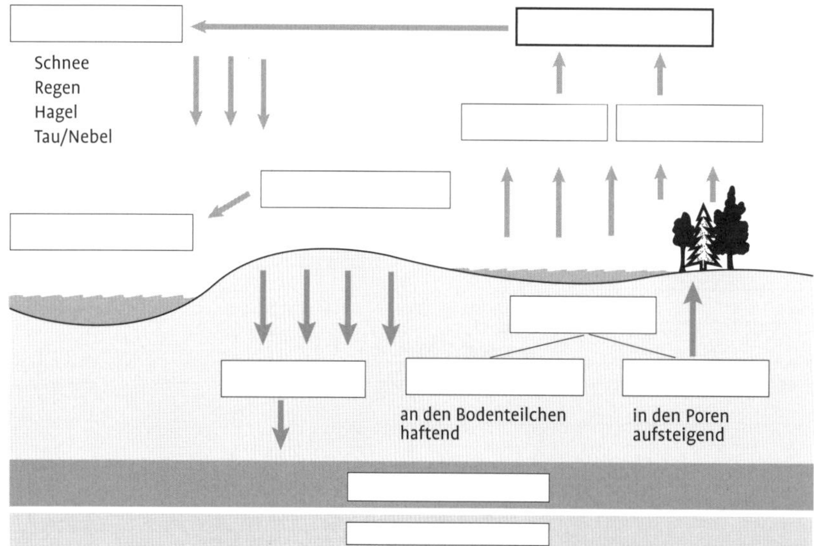

Ergänzen Sie die fehlenden Begriffe und beschreiben Sie den Kreislauf des Wassers.

Wie hoch ist der jährliche Niederschlag auf Ihrem Betrieb? Wie verteilt sich die Menge auf das Jahr?

Die mögliche gespeicherte Wassermenge im Boden (Haftwasser) bezeichnet man als Feldkapazität (FZ). Dieses Wasser steht den Pflanzen jedoch nicht voll zur Verfügung.

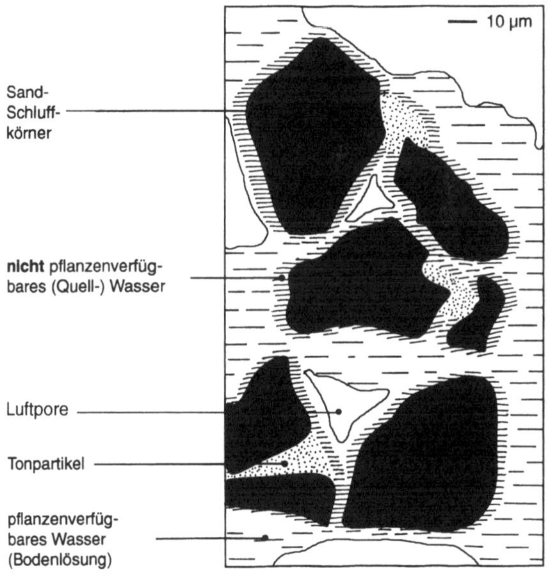

Wassergehalt bei Sand-, Lehm- und Tonböden

Berechnen Sie die nutzbare Feldkapazität (nFK) und die Luftkapazität bei einem Gesamtvolumen (GV) von

Bodenart	Wassergehalt in Vol %				
	Bei voller Feldkapazität	beim Welkpunkt	GV	LK	nFK
Sand	10 %	2 %	*46 %*		
Lehm	37 %	13 %	*46 %*		
Ton	42 %	32 %	*48 %*		

Welche Erkenntnisse schließen Sie aus den Ergebnissen?

Was sind Kolloide?

Humuskolloide halten bis zu fünfmal soviel Haftwasser wie Tonkolloide. Welche Folgerung ziehen Sie daraus?

Wasseraufstieg und Durchlässigkeit verschiedener Böden:

Tongehalt %	Steighöhe mm	Durchlässigkeit m^3/h
4	256	400
10	526	105
52	833	18

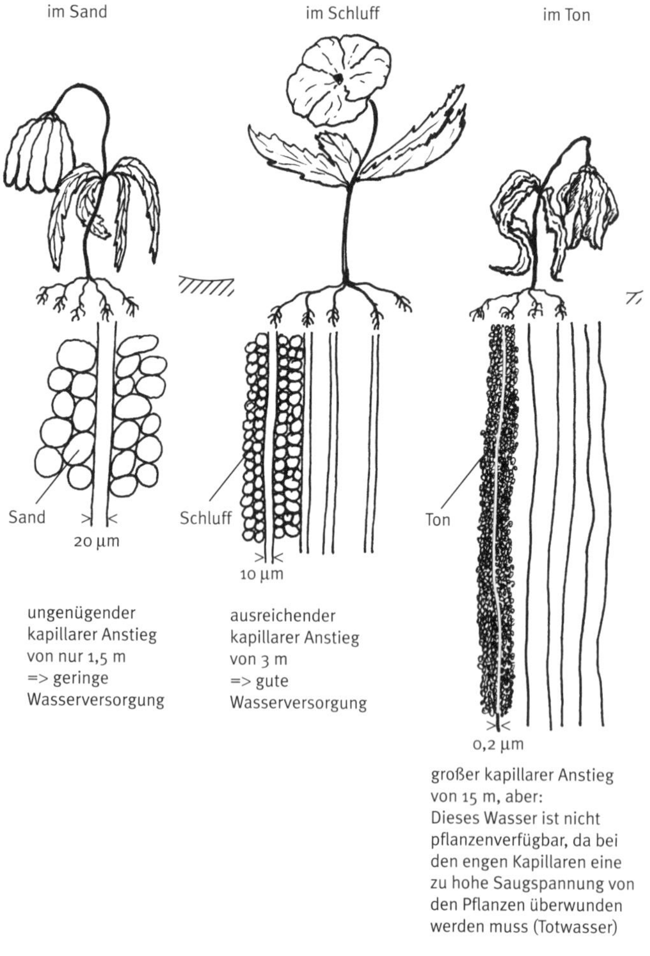

Begründen Sie die Zusammenhänge:

Welche Bedeutung hat dies für die Pflanzenversorgung?

im Sand

im Schluff

im Ton

Sand

20 µm

Schluff

10 µm

Ton

0,2 µm

ungenügender kapillarer Anstieg von nur 1,5 m => geringe Wasserversorgung

ausreichender kapillarer Anstieg von 3 m => gute Wasserversorgung

großer kapillarer Anstieg von 15 m, aber: Dieses Wasser ist nicht pflanzenverfügbar, da bei den engen Kapillaren eine zu hohe Saugspannung von den Pflanzen überwunden werden muss (Totwasser)

Porengröße und Porendurchmesser spielen für die Wasserführung eine große Rolle.

Porengröße	Durchmesser in mm	Dränfähigkeit	Wassersäule
Weite Grobporen	> 50	Schnell	< 6 cm
Enge Grobporen	50–10	Langsam	6–30 cm
Mittelporen	10–0,2	Sehr langsam	1500 cm
Feinporen	< 0,2	nicht	> 1500 cm

Welche Auswirkungen haben diese Zusammenhänge?

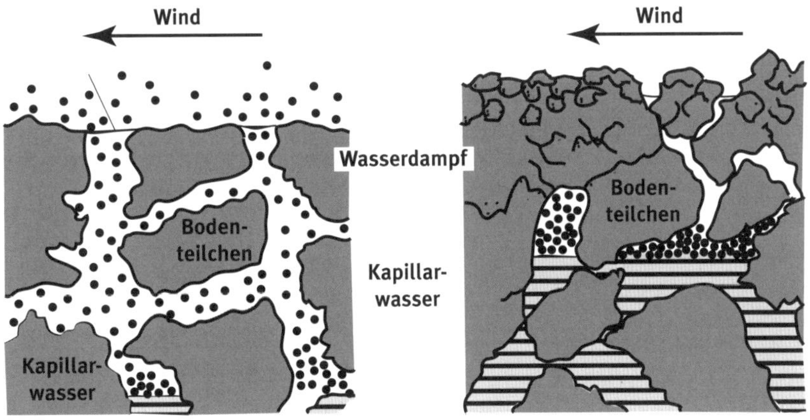

Welche ackerbaulichen Maßnahmen hemmen die Verdunstung? Beschreiben Sie die Abbildung.

Welche Auswirkungen hat stauende Nässe?

Zur Regulierung der Wasserverhältnisse und zur Vermeidung von Staunässe sind Maßnahmen notwendig.

Günstiger Grundwasserstand auf:	Äckern	Wiesen	Weiden
Bei leichten Böden	....	....	....
Bei schweren Böden	....	....	....

Bezeichnen Sie die Leitungen einer Drainage:

a) .... b) .... c) ....

Bodenluft

Zur Aufrechterhaltung der Lebensvorgänge im Boden ist ein Gasaustausch nötig.

Zeichnen Sie mit Pfeilen die Gasbewegung ein. Welche Aufgabe erfüllt die Luft im Boden?

O_2 O_2

CO_2 CO_2

verkrusteter offener Boden

a) ....

b) ....

c) ....

d) ....

Bodenluft und atmosphärische Luft haben unterschiedliche Werte. Was sagen die Werte aus?

	O_2 Gehalt	CO_2 Gehalt	
Atm. Luft	20,95 %	0,02 %	....
Bodenluft	< 20,6 %	> 0,2 %	....

Welche Folgen hat Sauerstoffmangel im Boden?

....

....

Welche ackerbaulichen Maßnahmen fördern den Gasaustausch?

....

....

....

Luft und Wasser sind im Boden Gegenspieler. Die Größe der Poren spielt eine große Rolle:

....

....

Die folgenden Darstellungen zeigen verschiedene Verhältnisse von Bodenmasse, Luft und Wasser in unterschiedlichen Tiefen. Bezeichnen Sie a) den Zustand, b) die Auswirkungen auf das Pflanzenwachstum:

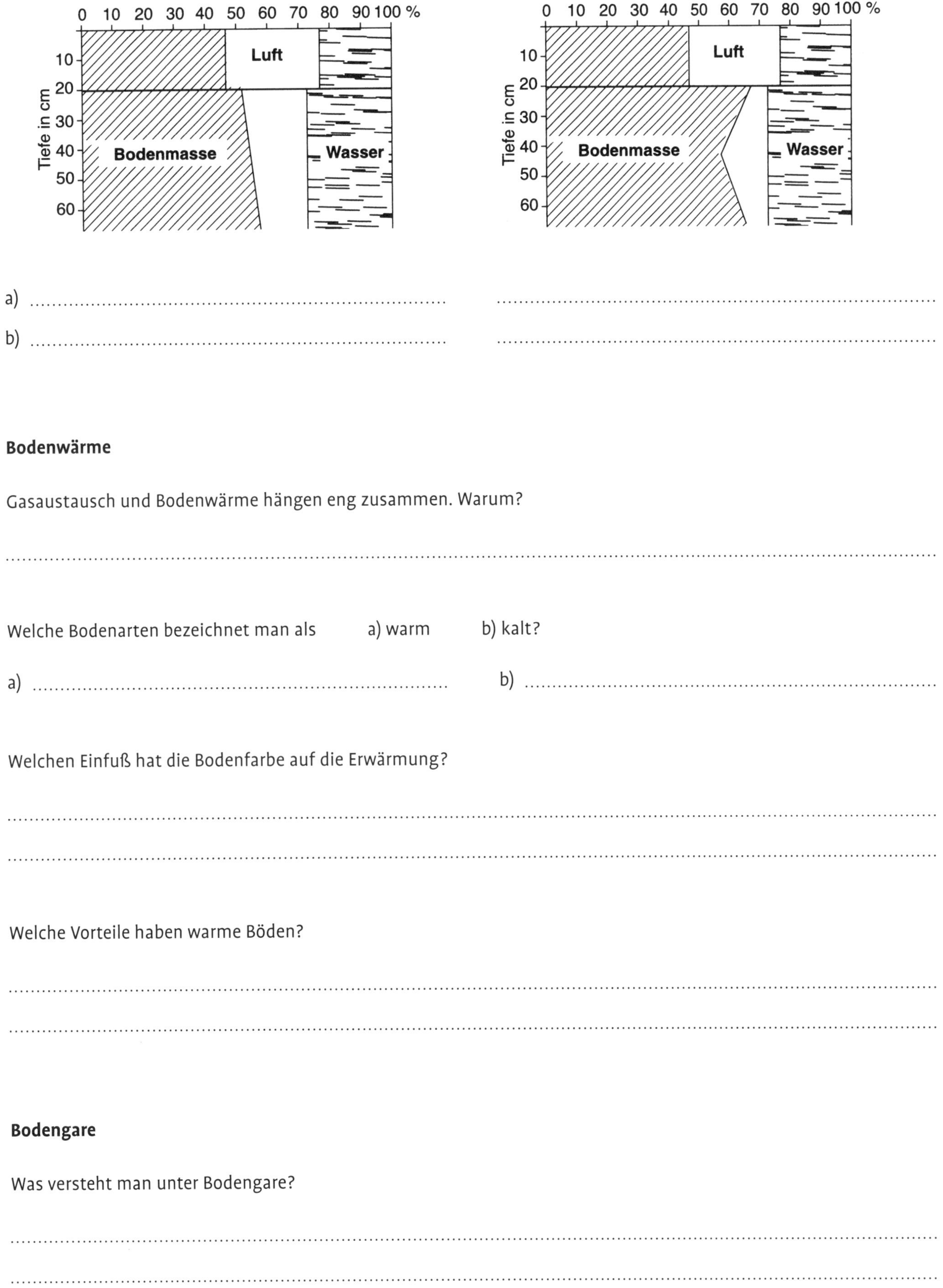

a) ....

b) ....

Bodenwärme

Gasaustausch und Bodenwärme hängen eng zusammen. Warum?

....

Welche Bodenarten bezeichnet man als a) warm b) kalt?

a) .... b) ....

Welchen Einfuß hat die Bodenfarbe auf die Erwärmung?

....

....

Welche Vorteile haben warme Böden?

....

....

Bodengare

Was versteht man unter Bodengare?

....

....

Woran erkennen Sie in Ihrem Betrieb einen garen Boden?

....

....

Welche Arten der Gare unterscheidet man?

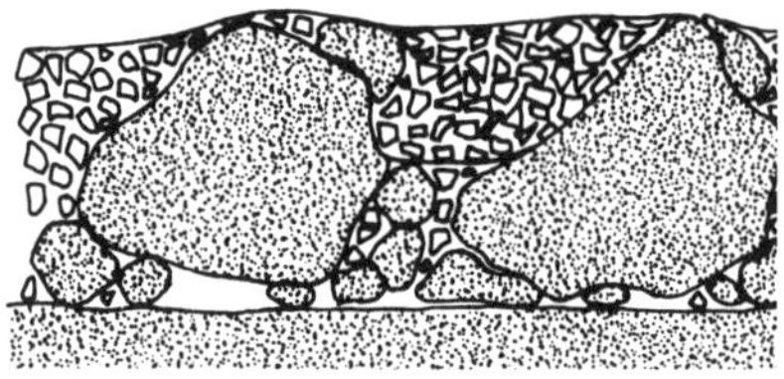

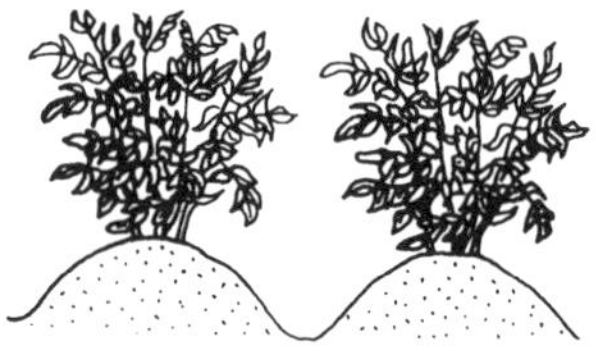

....

Nennen Sie Maßnahmen, die die Gare fördern:

....

....

Die Bodengare kann durch unsachgemäße Bearbeitung, falsche Anbaumaßnahmen, Witterungseinflüsse und Düngung zerstört werden. Geben Sie Fehler, Mängel und Verstöße an, bei:

Bearbeitung: ....

....

Düngung: ....

....

Anbau: ....

....

Bodenreaktion

Die Bodenreaktion beeinflusst Bakterientätigkeit und Pflanzenwuchs sehr stark. Messbarer Ausdruck für die Bodenreaktion ist der pH-Wert. Er ist eine Kennziffer für die Säure- oder Basenstärke einer Lösung und ist definiert als Wasserstoffionenkonzentration.

z. B. pH 4 = 10^{-4} = 0,0001 g H-Ionen j e1 l Lösung = sauer

pH 7 = 10^{-7} = 0,0000001 g H-Ionen je 1 l Lösung = neutral

für den Reaktionszustand der Böden ist folgende Reaktionsskala festgelegt:

pH-Werte

< 4	4,1–4,4	4,5–5,2	5,3–6,4	6,5–7,4	>7,4
....	....	....	....	....	....

Folgende Werte sind anzustreben:

	Ackerland	Grünland
Sandböden	5,3–5,7	4,8–5,2
Lehmiger Sand	5,8–6,2	5,3–5,7
Sandiger Lehm	6,3–6,7	5,8–6,2
Lehmboden	6,8–7,5	6,0–6,5
Schwerere Lehm	6,9–7,5	6,0–6,5

Was sagt die Tabelle aus?

1. ....

....

2. ....

....

Die Pflanzen stellen besondere Ansprüche an den pH-Wert des Bodens. Tragen Sie die Reaktionsansprüche in die Übersicht ein.

Nennen Sie die Aufgaben des Kalkes für die Pflanze:

....

....

....

....

....

....

Luzerne					
Gerste					
Zuckerrübe					
Weizen					
Kartoffel					
Roggen					
Raps					
pH	4	5	6	7	8

Geben Sie Ursachen für Versauerung an:

....

....

Bedeutung von Kalk für den Boden

Kalk ist vorwiegend Dünger für den Boden. Nennen Sie die direkte und indirekte Wirkung des Kalkes.

....

....

....

....

....

....

....

....

....

Welche Wirkung hat der Kalk auf den Boden und die Bodenlebewesen?

....

....

....

....

Kalkverlust und Kalkbedarf

Kalk Kalk

Kalk geht dem Boden ständig verloren durch	Folgerung:
a)	....
b)	....
c)	....

Bodenlebewesen

In fruchtbaren Böden können in der Ackerkrume bis zu .... kg Biomasse je ha vorhanden sein.
Berechnen Sie das Gewicht aus der Tabelle.

Erklären Sie den Begriff Biomasse: ....

Ungefähre Menge und Gewicht der Kleinlebewesen in den obersten 15 cm eines landwirtschaftlich genutzten Bodens mittlerer Qualität.

	Anzahl je g Boden	Lebendgewicht (kg/ha)
Bakterien	600 000 000	10 000
Pilze	4 000 000	10 000
Algen	1 000 000	140

	Anzahl je 1 000 cm² Boden	Lebendgewicht (kg/ha)
Protozoen	1 500 000 000	370
Nematoden	50 000	50
Springschwänze	200	6
Milben	150	4
Tausendfüßler	14	50
Insekten, Käfer	6	17
Mollusken	5	40
Regenwürmer	2	4000

Die Lebewesen stellen Ansprüche an ihre Umwelt.

Nennen Sie die wichtigsten Bedingungen, die der Boden erfüllen muss, um ein reichhaltiges Bodenleben zu garantieren:

....

....

....

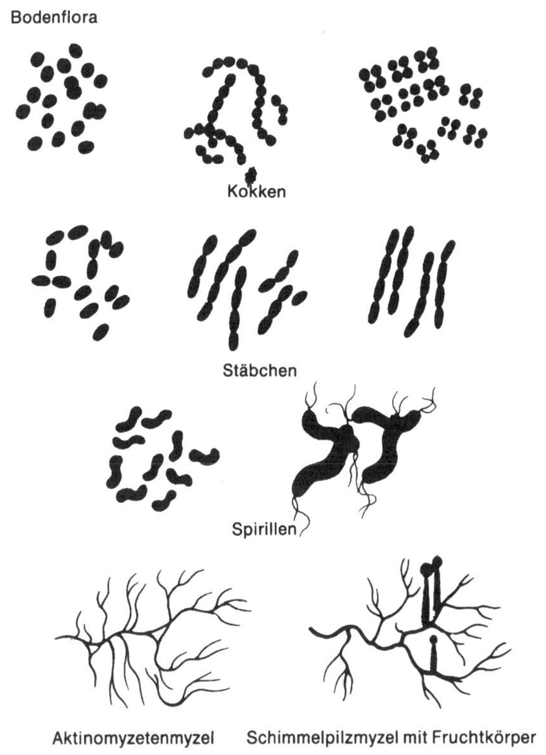

Bodenflora

Kokken

Stäbchen

Spirillen

Aktinomyzetenmyzel   Schimmelpilzmyzel mit Fruchtkörper

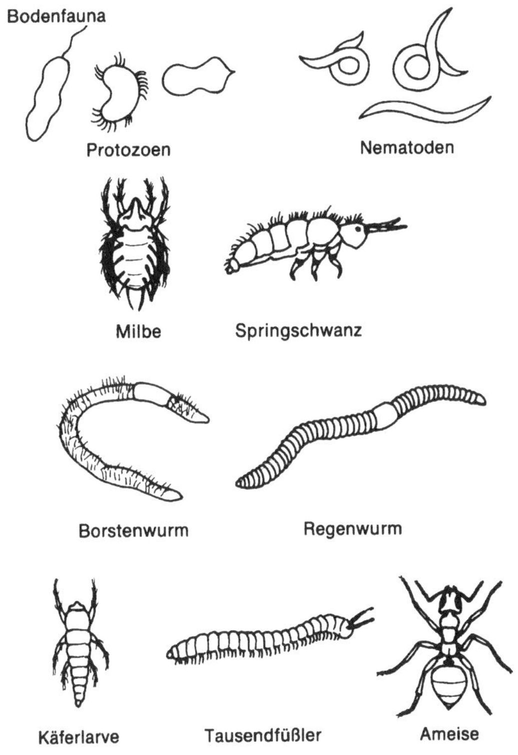

Bodenfauna

Protozoen   Nematoden

Milbe   Springschwanz

Borstenwurm   Regenwurm

Käferlarve   Tausendfüßler   Ameise

Die Übersicht unterscheidet zwischen: a) .... b) ....

Nach ihrer Tätigkeit unterscheidet man: Welche Bedeutung haben Sie?

a) abbauende Bakterien ....

b) aufbauende Bakterien ....

c) Pilze und Algen ....

d) Bodentiere (Regenwürmer, Springschwänze u. a.) ....

Bewerten Sie folgende Maßnahmen bezüglich ihres Einflusses auf die Bodenlebewesen: gut +, mäßig 0, schlecht –

Strohdüngung bei einseitigem Getreidebau: ....

feines Fräsen bei Gründüngung: ....

flaches Pflügen bei Ackerfutterbau: ....

Humus

Das Ausgangsmaterial für die Bildung von Humus ist organische Substanz. Sie unterliegt im Boden einem ständigem Ab-, Auf- und Umbau.

Unterscheiden Sie:

Mineralisierung: ....

Humifizierung: ....

Die Humifizierung findet aus verschiedenen organischen Substanzen statt. Ausgangsstoffe, Durchlüftung, Bodenwärme Kalkgehalt und Bakterienleben bestimmen die Entwicklungsrichtung und die Endstufe.

Ergänzen Sie:

Ausgangsstoffe	Organische Substanz	Vorgänge	Endstufen
....	....	....	....
....	....	....	....
....	....	....	....
....	....	....	....

Unterschieden wird in Nähr- und Dauerhumus.

Nährhumus: ....

Dauerhumus: ....

Ob aus Pflanzenrückständen Nähr- oder Dauerhumus entsteht, ist abhängig von ihrem ....

Entscheidend ist dabei .... des Ausgangsmaterials sowie der ....

Ein weites .... bedeutet, die Pflanzen weisen viel .... und relativ wenig .... auf. Es entsteht ....

Die Bildung von Humus ist abhängig von:

....

....

Welche Bedeutung hat Humus im Boden?

....

....

Der Humusgehalt ist erkennbar an ....

	Leichte Böden	Schwere Böden
Humusarm	Bis 1 %	Bis 2 %
Humos	2–4 %	5–10 %
Humusreich	4–10 %	10–15 %
Anmoorig	10–15 %	15–20
moorig	> 15 %	> 20 %

Böden unterscheiden sich im Humusgehalt.
Welche Schlüsse ergeben sich aus der Tabelle?

....

....

....

....

Der Humusgehalt ist auf dem Ackerland starken Schwankungen ausgesetzt. Welche Maßnahmen fördern den Abbau von Humus?

....

....

Das bedeutet für die Praxis: ....

Die Pflanzenart beeinflusst ebenfalls den Humusgehalt. Man unterscheidet zwischen

Humusmehrer: ....

Humuszehrer: ....

Hoher Mineraldüngeranteil fördert die Humusbildung. Begründen Sie:

....

....

Bodentypen

Von welchen Faktoren hängt die Bodenbildung ab?

....

....

Unterscheiden Sie die Begriffe:

Bodenart: ....

Bodentyp: ....

Beeinflusst wird der Bodentyp vom Ausgangsgestein und den darauf wirkenden Kräften wie Klima, Vegetation, Grund- und Stauwasser und Bearbeitung. Er sagt über die Fruchtbarkeit der Böden mehr aus als die Bodenart.

Ausgangsgestein: ....

....

Klima arid: ....

Humid ....

Vegetation ....

Wasser ....

Arid

Wasserbewegung

Anreicherung

Auswaschung

C-Horizont

Humid

Wasserbewegung

Auswaschung

Anreicherung

C-Horizont

Der Bodentyp ist anhand des .... zu erkennen und untergliedert sich in ....

A

B

C

Gliederung der Horizonte

A-Horizont = ...

B-Horizont = ...

C-Horizont = ...

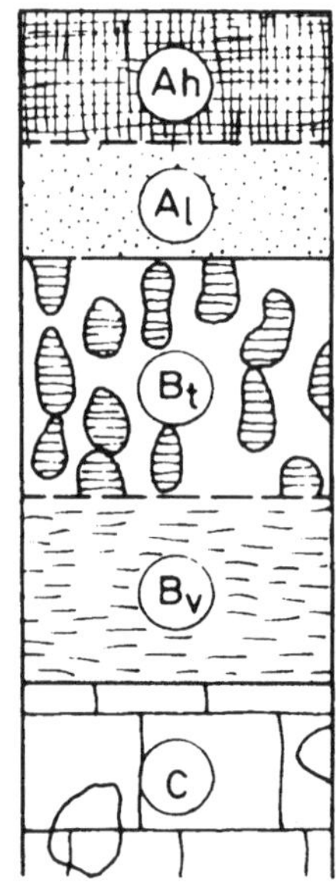

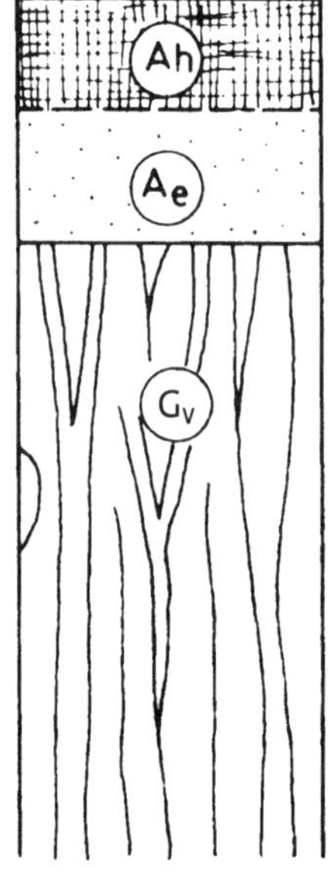

Untergliederung

h ....

l ....

e ....

t ....

v ....

g ....

s ....

o ....

Nennen Sie die Bodentypen, die auf folgendem Ausgangsgestein entstehen können:

a) auf kalkreichem Gestein

b) auf Silikatgestein (Granit, Bundsandstein)

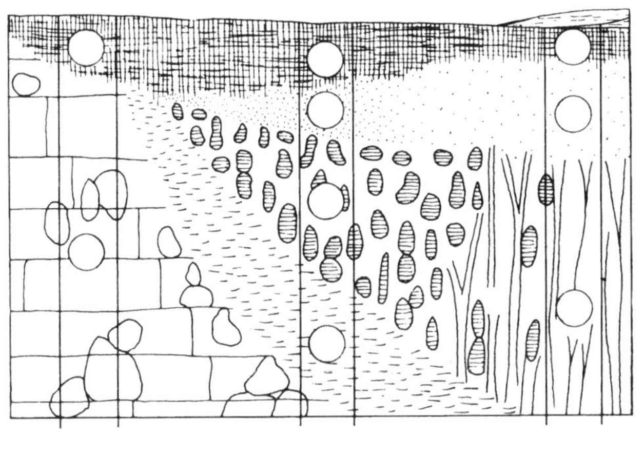

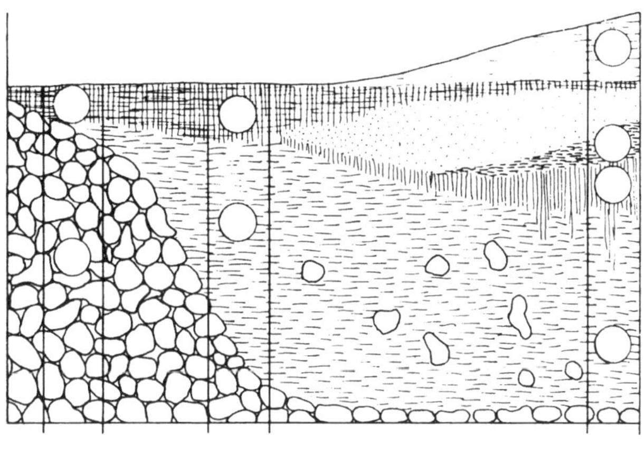

Nennen Sie zwei Bodentypen, die in Ihrem Betrieb vorkommen und beschreiben Sie diese. Um welches Ausgangsgestein handelt es sich? Welche Eigenschaften haben sie?

§ § § § § § § § § § § § § §

Bundes-Bodenschutzgesetz (BBodSchG)

Das Bundes-Bodenschutzgesetz enthält unter anderem die für die landwirtschaftliche Bodennutzung wichtigen Grundsätze der guten fachlichen Praxis in der Landwirtschaft. Diese soll den Boden mit seiner .... und seiner .... als natürliche Ressource auf lange Sicht hin sichern.

Nennen Sie wichtige Punkte der guten fachlichen Praxis für den Boden.

Bodengesellschaften in Deutschland

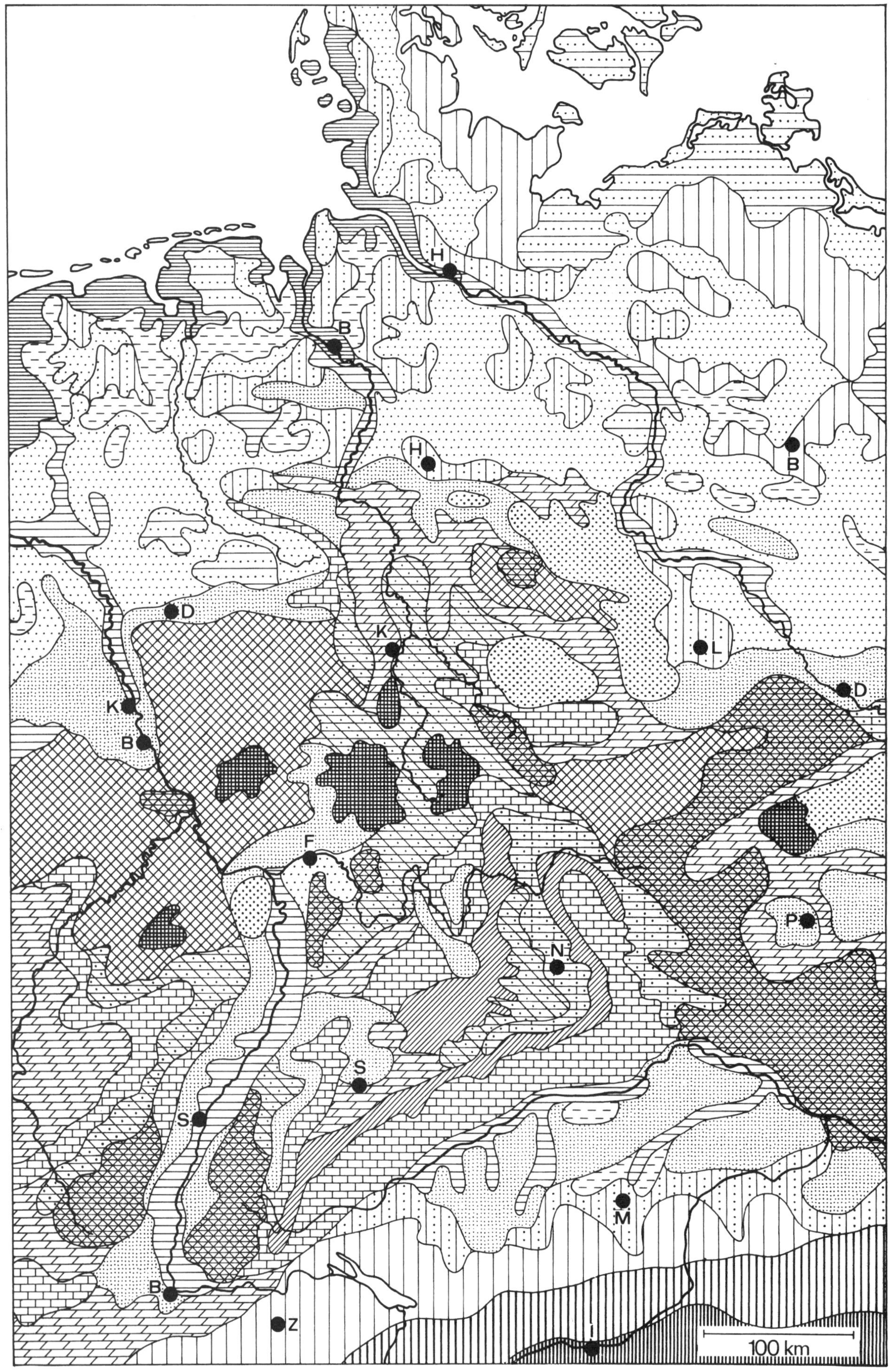

Böden der großen Täler und Küstengebiete

Marschen-Gebiete	Seemarsch, Brackmarsch, Flußmarsch u. a.; Salzmarsch, Kalkmarsch, Kleimarsch	mariner bis brackischer Schlick
Auenboden-Gebiete	Auenböden, Gleye, Niedermoore, höhere Lagen mit Braunerde, Parabraunerde, Pararendzina	tonige bis sandige Flußsedimente
Moorboden-Gebiete	Hochmoor (bes. in Norddeutschland), Niedermoor	Torfe

Böden des Flachlandes und der Lößgebiete (in Tälern Auenböden und Gleye, z. T. Moore)

Podsol-Gebiete	Podsol, Podsol-Braunerde, Rostbraunerde; Bänderparabraunerde; Gley-Podsol	fluviatile, glazifluviatile, glazigene und äolische Sande
Fahlerde-Gebiete	Fahlerde, Podsol-Fahlerde, Pseudogley-Fahlerde; Podsol-Parabraunerde, Pseudogley-Parabraunerde	Sand (z. T. Geschiebedecksand) über Geschiebelehm
Parabraunerde-Gebiete	Parabraunerde, Pseudogley-Parabraunerde, Fahlerde, Pseudogley-Fahlerde	kalkhaltige Moränenablagerungen, u. a. Geschiebemergel, z. T. mit Sanddecke
Parabraunerde-Gebiete	Parabraunerde, Pseudogley-Parabraunerde, Fahlerde, Pseudogley-Fahlerde; z. T. Übergänge zur Schwarzerde	Löß, Sandlöß, Schwemmlöß, Hochflutlehm
Schwarzerde-Gebiete	Schwarzerde, Pseudogley-Schwarzerde, Übergänge zu Parabraunerde („degradierte" Schwarzerde); Pararendzina, Brauner Steppenboden (Mainzer Becken)	Löß, Schwemmlöß
Pseudogley-Gebiete	Pseudogley, Fahlerde-Pseudogley, Parabraunerde-Pseudogley, Podsol-Pseudogley	Geschiebemergel, z. T. Geschiebelehm, selten Löß

Böden der Bergländer und Mittelgebirge (in Tälern Auenböden und Gleye, z. T. Moore)

Podsol-Gebiete	Podsol, Podsol-Braunerde	Sandstein
Braunerde-Gebiete	Braunerde, Podsol-Braunerde, Pseudogley-Braunerde; Pseudogley, Stagnogley, Ranker	Sandstein, Schluff-Sandstein
Braunerde-Gebiete	Braunerde, Podsol-Braunerde, Ranker; örtlich Plastosol-Relikte (z. B. Eifel)	Schluff- und Tonschiefer
Braunerde-Gebiete	Braunerde, Podsol-Braunerde, Ranker	saure Magmatite, z. B. Granit, Gneis, Trachyt
Braunerde-Gebiete	Braunerde und Parabraunerde; Pseudogley, Ranker, örtl. Latosol-Relikte (z. B. Vogelsberg)	basische und intermediäre Magmatite, häufig Basalt, oft mit Lößdecke
Braunerde-Rendzina-Gebiete	Relativ engräumiger Wechsel von Braunerde, Rendzina, Ranker, Parabraunerde, Pseudogley	Sandstein, Schluffstein, Tonstein, Kalkstein und Mergelstein im Wechsel ohne und mit Deckschicht (z. T. Löß)
Rendzina-Terra fusca-Gebiete	Rendzina, Rendzina-Braunerde, Braunerde-Terra fusca; Parabraunerde, Pseudogley; örtlich Terra rossa-Relikte (Alb)	Kalkstein, Mergelstein, Dolomit, oft mit Lehm- oder Lößdecke
Pseudogley-Pelosol-Gebiete	Pseudogley, Pelosol, Pseudogley-Braunerde; Pseudogley-Parabraunerde, Rendzina	Tonstein, Tonmergelstein, oft mit lehmiger Deckschicht (z. T. Löß)

Böden des Hochgebirges (in Tälern Auenböden und Gleye, z. T. Moore)

Rendzina-Rohboden-Gebiete	Rendzina, Tangelrendzina, Pararendzina, Rohböden; Braunerde, Pseudogley	Dolomitstein, Kalkstein, Mergelstein und deren Schutt
Ranker-Rohboden-Gebiete	Ranker, Rohböden; Braunerde, Pseudogley, Podsol	Silikatische Festgesteine (oft Gneis, Granit) und deren Schutt

2 Pflanzenernährung und Düngung

Warum düngen wir?

....

....

Zählen Sie die Hauptnährstoffe mit ihren chemischen Abkürzungen auf und unterstreichen Sie die Nährstoffe, die im Boden in ungenügender Menge enthalten sind:

....

....

....

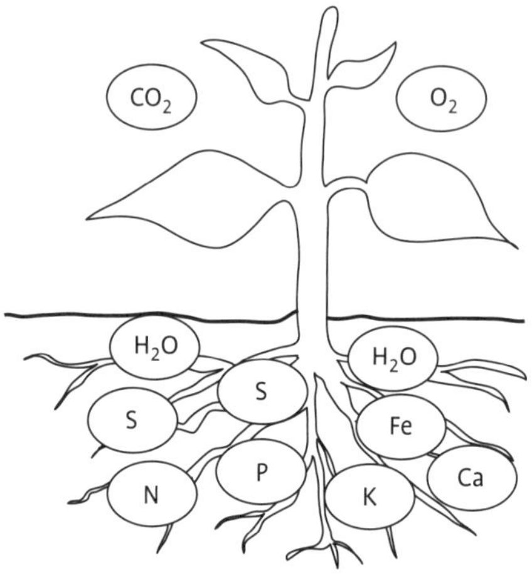

Außer den Hauptnährstoffen benötigt die Pflanze noch Spurenelemente. Welche sind das?

....

....

....

Vor Mitte des 19. Jahrhunderts nahm man an, dass die Pflanze den Humus direkt zu ihrem Aufbau verwertet. Erst Justus von Liebig erkannte, dass die Pflanzen zum Wachstum Mineralstoffe aufnehmen.

Aufnahme der Nährstoffe

Die Nährstoffe im Boden müssen pflanzenverfügbar sein.

Erläutern Sie die Abbildung.

....

....

....

....

....

....

....

....

....

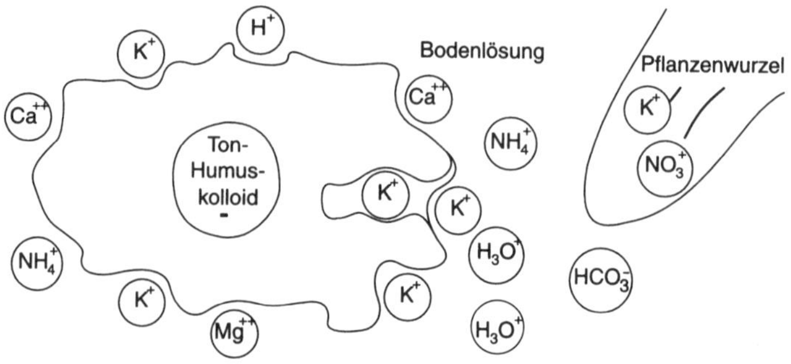

Wie gelangen die Nährstoffe in die Pflanze?

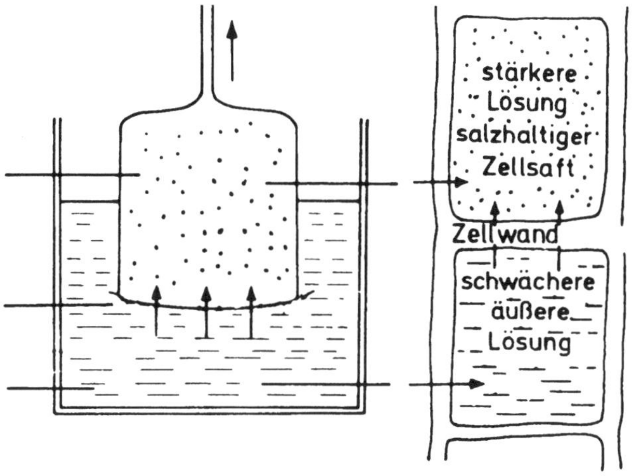

Berichten Sie über den Verlauf des Osmoseversuchs:

Dieser Vorgang vollzieht sich auch in lebenden Pflanzenteilen.

Zeichnen Sie in der auf Seite 36 oben abgebildeten Pflanze die Nährstoffkonzentration in den einzelnen Pflanzenteilen ein:

Stark = dunkelgrün, mittel = grün, schwach = hellgrün.

Um die elektrische Ladung in den Pflanzenzellen halten zu können muss die Pflanze im Gegenzug Ionen abgeben. Erklären Sie die nebenstehende Abbildung.

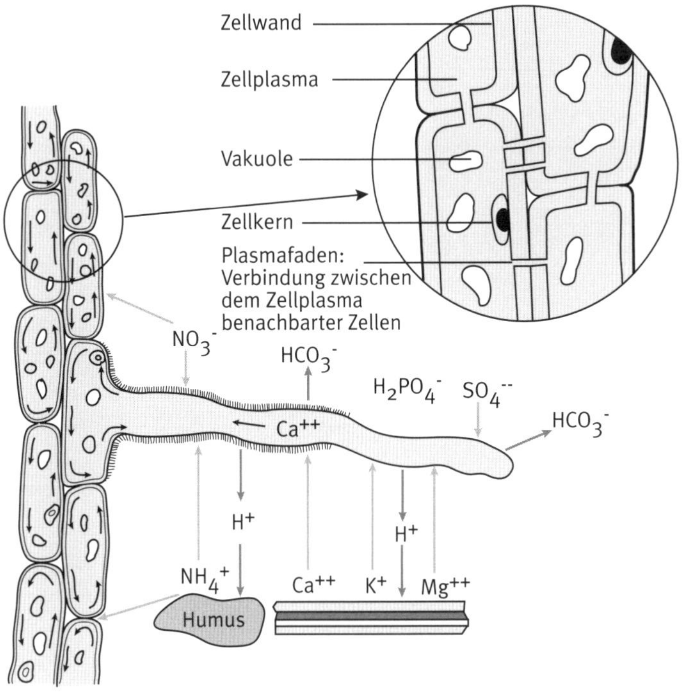

Ergänzen Sie die Tabelle. Welches und wie viele Ionen muss die Pflanze abgeben zur Aufnahme der Nährsalze?

Nährsalz in der Bodenlösung	Ionen aus der Pflanzenzelle
....	....
....	....
....	....
....	....
....	....
....	....
....	....
....	....

Was versteht man unter Ionensynergismus und Ionenatagonismus?

Ionensynergismus: ....

....

....

....

....

Ionenantagonismus: ....

....

....

....

In der Praxis kann es vorkommen, dass die Nährstoffkonzentration an den Wurzeln (a) und den Blättern (b) größer ist als in der Pflanze. Zählen Sie Beispiele auf und berichten Sie über die Folgen:

a) ....

b) ....

Aufgabe der Nährstoffe

Tragen Sie die wichtigsten Aufgaben der einzelnen Nährstoffe für die Pflanze ein.

Welche Mangelerscheinungen treten auf?

	Aufgaben	Mangelerscheinungen
Phosphor:	....	....
	....	....
	....	....
Kali:	....	....
	....	....
	....	....
Kalk:	....	....
	....	....
Magnesium:	....	....
	....	....
Eisen:	....	....
	....	....
Schwefel:	....	....
	....	....

Weitere Spurenelemente, die wichtige Funktionen für das Pflanzenwachstum erfüllen:

Die Bodenreaktion beeinflusst die Aufnahme und die Verfügbarkeit von Nährstoffen erheblich.

Erklären Sie das am Beispiel von drei Spurenelementen:

Nährstoffverfügbarkeit

stark sauer | sauer | schwach sauer | Neutralbereich | schwach basisch | basisch | stark basisch

Stickstoff
Phosphat
Kali
Schwefel
Calcium
Magnesium
Eisen
Mangan
Bor
Kupfer und Zink
Molybdän

4.0 4.5 5.0 5.5 6.0 6.5 7.0 7.5 8.0 8.5 9.0 9.5 10.0

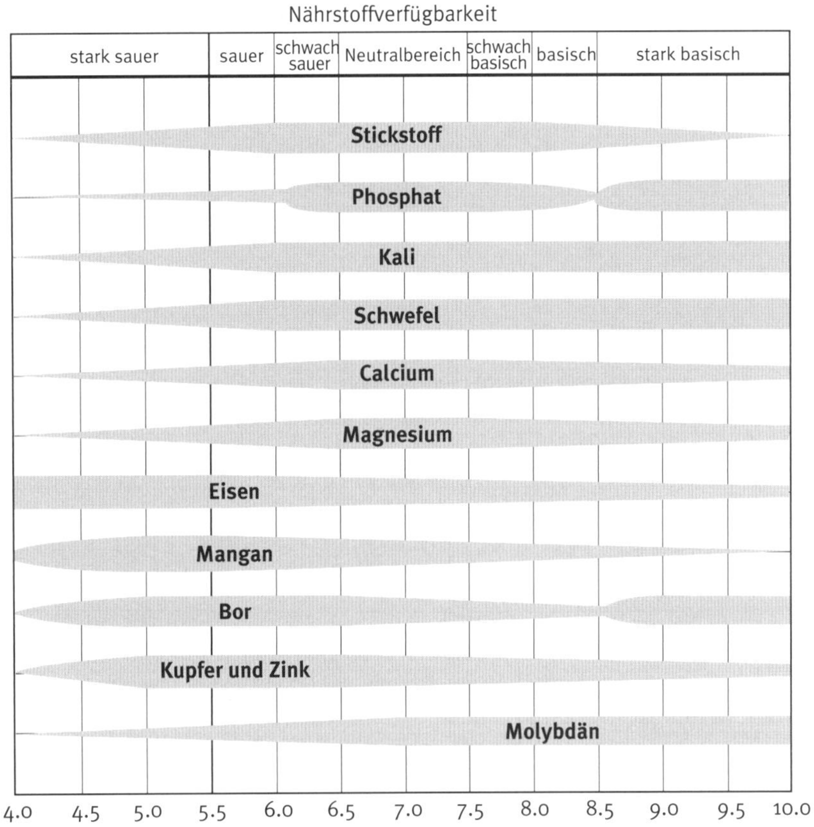

Für das Wachstum ist das richtige Maß aller Nährstoffe wichtig. Erklären Sie die Gesetzmäßigkeit:

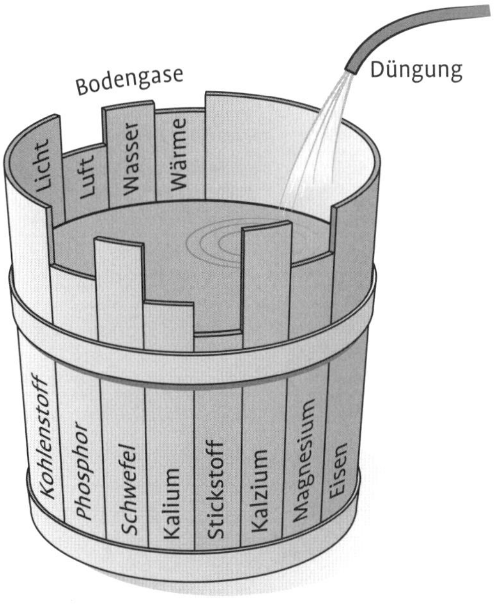

Bodengase
Düngung
Licht
Luft
Wasser
Wärme
Kohlenstoff
Phosphor
Schwefel
Kalium
Stickstoff
Kalzium
Magnesium
Eisen

Wie lautet dieses Gesetz?

Die Ertragssteigerung hat jedoch eine Grenze. Erstellen Sie hierzu ein Diagramm.

Welche Gesetzmäßigkeit ergibt sich aus den Zahlen der Tabelle?

Ergebnis eines N-Düngungsversuches bei Wintergerste.

N-(kg/ha)	Ertrag (dt/ha)	Zuwachs (dt/ha)
0	17	---
30	29	12
60	39	10
90	46	7
120	49	3
150	50	1
180	50,5	0,5
210	50	-0,5

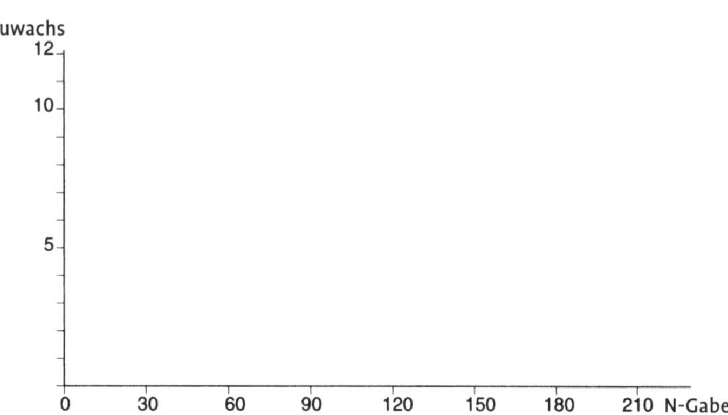

....

....

Wie lautet dieses Gesetz?

....

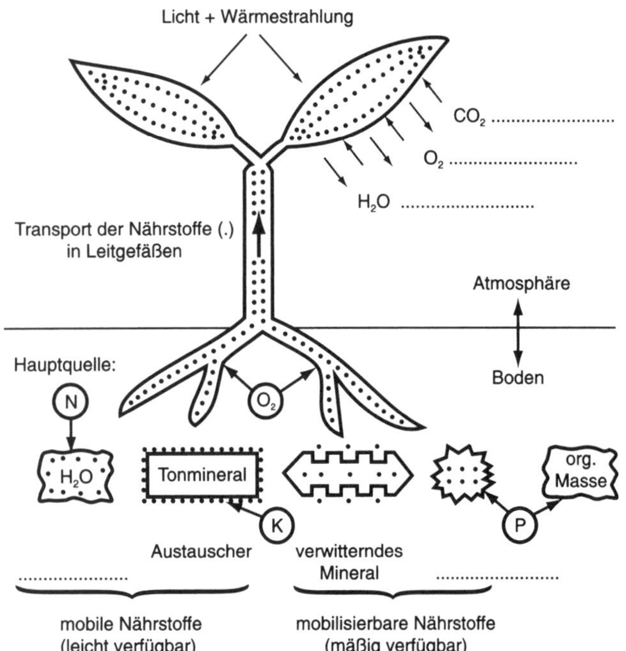

Nährstoffvorrat

Ergänzen Sie in der nebenstehenden Zeichnung die fehlenden Bezeichnungen.

Die Höhe der Düngung richtet sich nach

a) ....

b) ....

Welche Vorteile bietet die Bodenuntersuchung?

....

....

Welche Nährstoffe werden durch die Bodenuntersuchung ermittelt?

....

Der Nährstoffgehalt der Böden ändert sich laufend, deshalb ist eine wiederholte Untersuchung nötig. Was ist bei der Entnahme der Bodenprobe zu beachten?

....

....

....

....

....

....

Die Untersuchungsergebnisse werden in mg Nährstoff je 100 g Boden angegeben. Man unterscheidet je nach Nährstoffvorrat 5 Gehaltsklassen. Ergänzen Sie die Tabelle.

Klasse	P_2O_5 mg / 100g	K_2O mg / 100g	Bewertung	Düngeempfehlung	Faktor E
A	4–6	Unter 6	....	....	....
B	7–15	7–14	....	....	....
C	16–25	15–24	....	....	....
D	26–40	26–40	....	....	....
E	über 40	Über 40	....	....	....

Stickstoff und Stickstoffdünger

Stickstoff ist in der Luft zur Genüge enthalten. Er kann jedoch von Pflanzen nicht aufgenommen werden. Es gibt allerdings Ausnahmen. Berichten Sie:

a) ....

....

....

....

b) ....

....

....

....

Dieser Vorgang wird als ....

bezeichnet. Sie erfolgt in mehreren Stufen:

....

....

Ergänzen Sie die Abbildung und beschreiben Sie den Stickstoffkreislauf sowie die wichtigsten Prozesse.

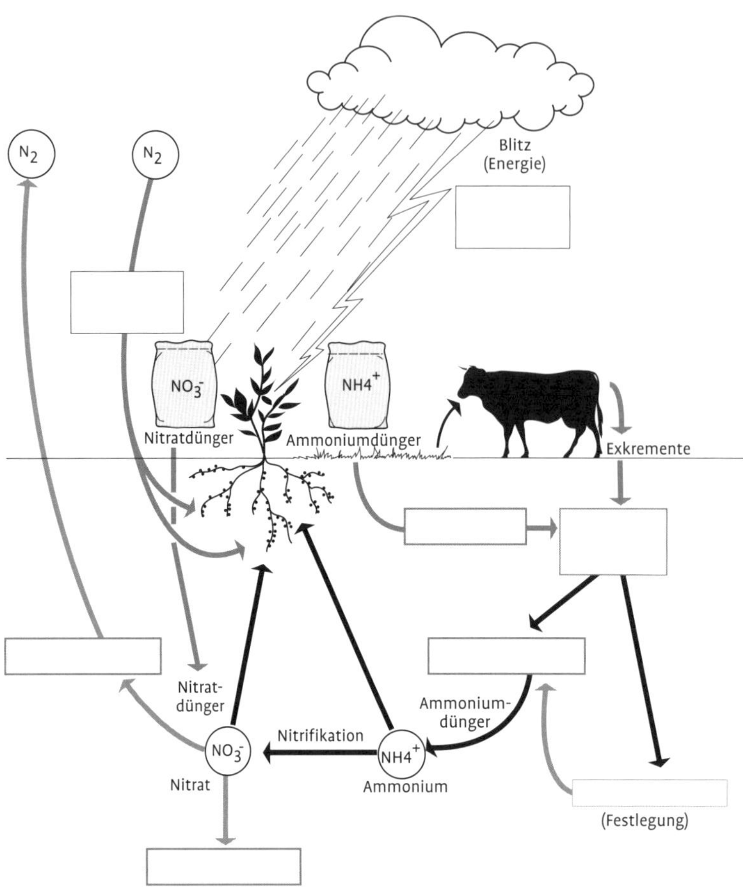

....

....

....

....

....

....

....

....

....

....

....

....

....

....

....

....

....

Beschreiben Sie die Abbildung.
Welche Bedeutung hat ihre Aussage?

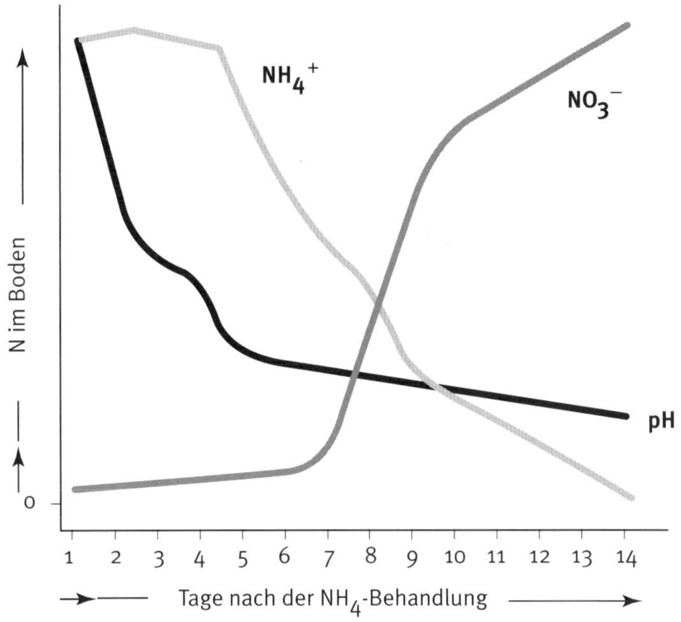

Düngerart	Name	Form	N-Gehalt in %	Wichtige Nebenbestandteile
Ammoniakdünger		NH^{+}_{4} (gasförmig)		
		$(NH^{+}_{4})_2\ SO_4^{2+}$ Ammoniumsulfat		
Nitratdünger, Salpeterdünger (enthalten N in Form von NO^{-}_{3})		$Ca^{2+}(NO_3^{-})_2$ Calciumnitrat		
Ammoniumnitratdünger (enthalten N in Form von NH^{+}_{4} und NO^{-}_{3})		$NH_4^{+}NO_3^{-}$ Ammoniumnitrat $Ca^{2+}\ CO_3^{2-}$ Calciumcarbonat		
		$NH_4^{+}NO_3^{-}$ Ammoniumnitrat + $(NH^{+}_{4})_2\ SO_4^{2+}$, Ammoniumsulfat		
Amiddünger		$CO(NH_2)_2$		
		CaNCN Calciumcyanamid + CaO Calciumoxid		
Organische Dünger		Organische Substanz		

Der Stickstoff ist in den N-Düngern in vier Formen enthalten. Bezeichnen Sie die Formen, geben Sie die Bindung an und ergänzen Sie

N-Form	Bindung	Umsetzungsvorgänge	Wirkung

Berichten Sie über das Verhalten der verschiedenen N-Formen im Boden und die Bedeutung für die Praxis.

Die Höhe der Gabe spielt bei den N-Düngern eine größere Rolle als bei den anderen Düngemitteln.
Welche Auswirkungen hat:

a) Überdüngung

b) N-Mangel

Was versteht man unter der N_{min}-Methode und warum wird sie durchgeführt?

Welche Grundsätze gelten bei Anwendung der N-Düngung?

Besonderheiten bei der Anwendung einzelner Dünger:

....

....

....

Der Nitratgehalt des Bodens (NO_3^-) ändert sich.

Er nimmt zu: ....

Er nimmt ab: ....

Worauf ist bei der Probenahme von N_{min} zu achten?

....

....

Phosphor und Phosphatdünger

Der Phosphor-Gehalt ungedüngter Böden wird bestimmt durch das .... , die Textur und den .... des Bodens. Der P-Gehalt steigt von .... und mit dem Humusgehalt an. Das liegt daran, dass der aus dem Ausgangsgestein freigesetzte Phosphor entweder an der .... oder in Huminstoffe eingebunden wird.

Das Phosphat im Boden lässt sich in drei unterschiedliche Fraktionen unterscheiden. Welche sind das?

1. ....
2. ....
3. ....

Phosphatdünger sind Pflanzen- und Bodendünger. Welche Bedeutung haben sie für den Boden?

....

....

Nennen Sie Maßnahmen zur Verbesserung der Wirkung von Bodenphosphaten.

....

....

....

Die Phosphatdünger unterscheiden sich nach:

Düngerart	P_2O_5-Gehalt	CaO-Gehalt	Löslichkeit
....	....	....	....
....	....	....	....
....	....	....	....

Teilaufgeschlossene Rohphosphate

....	....	....	....
....	....	....	....
....	....	....	....

Verhalten im Boden

Erklären Sie die beiden Abbildungen:

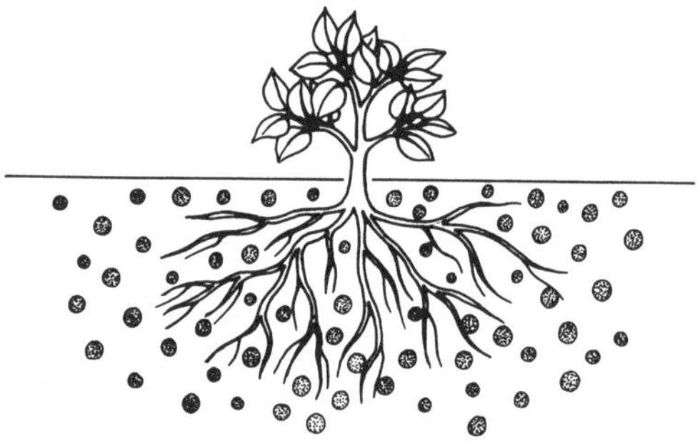

....

....

Welche Bedeutung hat dies für die Phosphatdüngung?

....

....

Die Pflanzen nehmen Phosphor als PO_4^{3-}-Ionen auf.
Warum können PO_4^{3-}-Ionen von den Kolloiden nicht festgehalten werden?

....

....

Warum werden dennoch keine Phosphatdünger ausgewaschen?

....

....

Je nach der chemischen Eigenschaft des Bodens liegen die Bodenphosphate als unterschiedliche Verbindungen vor, deren Bindungen verschieden stark sind.

Beispiele: Al^{++++} Fe^{+++} Fe^{++} Ca^{++} H^{+}

Bindung: ....

Stabile Phosphatverbindungen sind: ....

Labile Phosphatverbindungen sind ....

Die Pflanzenverfügbarkeit hängt ab von:

a) ....

b) ....

c) ....

Neben der Phosphatform hat der pH-Wert besonderen Einfluss auf die Löslichkeit.

....

....

....

....

....

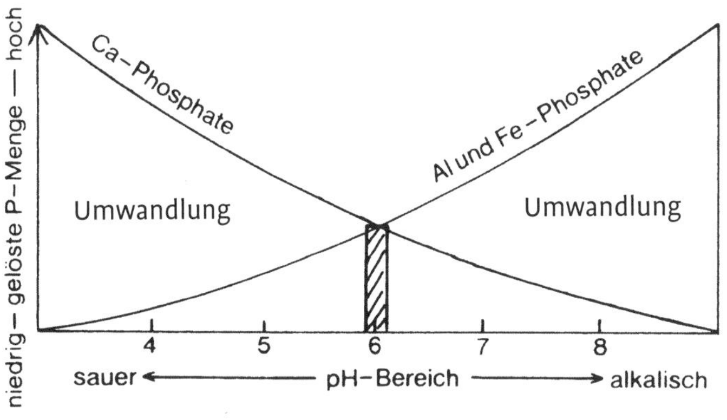

niedrig – gelöste P-Menge — hoch
Ca-Phosphate
Al und Fe-Phosphate
Umwandlung
Umwandlung
4
5
6
7
8
sauer ← pH-Bereich → alkalisch

Mehrnährstoffdünger

Mehrnährstoffdünger unterscheiden sich in:

Zweinährstoffdünger	Nährstoffe	Zusammensetzung	Anwendung
....	....	....	....
....	....	....	....
....	....	....	....
....	....	....	....

Dreinährstoffdünger

....	....	....	....
....	....	....	....
....	....	....	....

Vergleichen Sie Einzelnährstoffdünger mit den Mehrnährstoffdüngern:

....

....

Mischung der Düngemittel

Verschiedene Düngemittel kann man nicht oder nur bedingt mischen. Zählen Sie drei auf und begründen Sie.

Grundsätze:	Begründung:
....	....
....	....
....	....
....	....

Kalium und Kalidünger

Der natürliche Kaligehalt im Boden hängt vom Ausgangsgestein und damit von der Bodenart ab.
Welche Faktoren bestimmen den Kaligehalt?

1. ....
2. ....
3. ....

Der Bodenvorrat an Kali ist daher unterschiedlich.

Kalireich sind: .... kaliarm sind: ....

Kali ist ein Pflanzennährstoff. Der Kaligehalt der Düngemittel wird in K_2O angegeben. Ergänzen Sie die Tabelle:

Kalidüngemittel	Kaligehalt in K_2O	Begleitstoffe	geeignet für
....	....	....	....
....	....	....	....
....	....	....	....
....	....	....	....
....	....	....	....

Welche nachteiligen Folgen entstehen bei Nutzpflanzen, wenn ihnen chlorhaltige Düngemittel verabreicht werden?

....

....

In den Düngemitteln ist Kali gebunden an: …

… ist geeignet für …

Chlorempfindliche Kulturen sollten mit … gedüngt werden.

Dazu gehören … .

Auch bei Kalium wird die Pflanzenverfügbarkeit von der jeweiligen Bindungsform beeinflusst.

Im Boden liegt Kalium in vier verschiedenen Bindungsformen vor.

1. Wasserlösliches Kalium in der Bodenlösung.
2. Austauschbares Kalium in der Bodenlösung.
3. Fixiertes Kalium in den Zwischenschichten der Tonminerale.
4. In Mineralen als Baustein der Kristallgitter.

Zufuhr über Mineral- und Wirtschaftsdünger

Kalientzug durch die Pflanze

Gebunden in Kristallgitter

Verwitterung

Kali in der Bodenlösung

auf leichten Böden Verlagerung möglich

Bindung

Nachlieferung

austauschbares Kali

Vorwiegend an Oberflächen von Tonmineralen gebunden

Nachlieferung

Bindung des Kaliums in den Zwischenschichten

Erklären Sie die verschiedenen Bindungsformen, ihre Bedeutung für die Pflanzenverfügbarkeit sowie ihre Zusammenhänge.

…

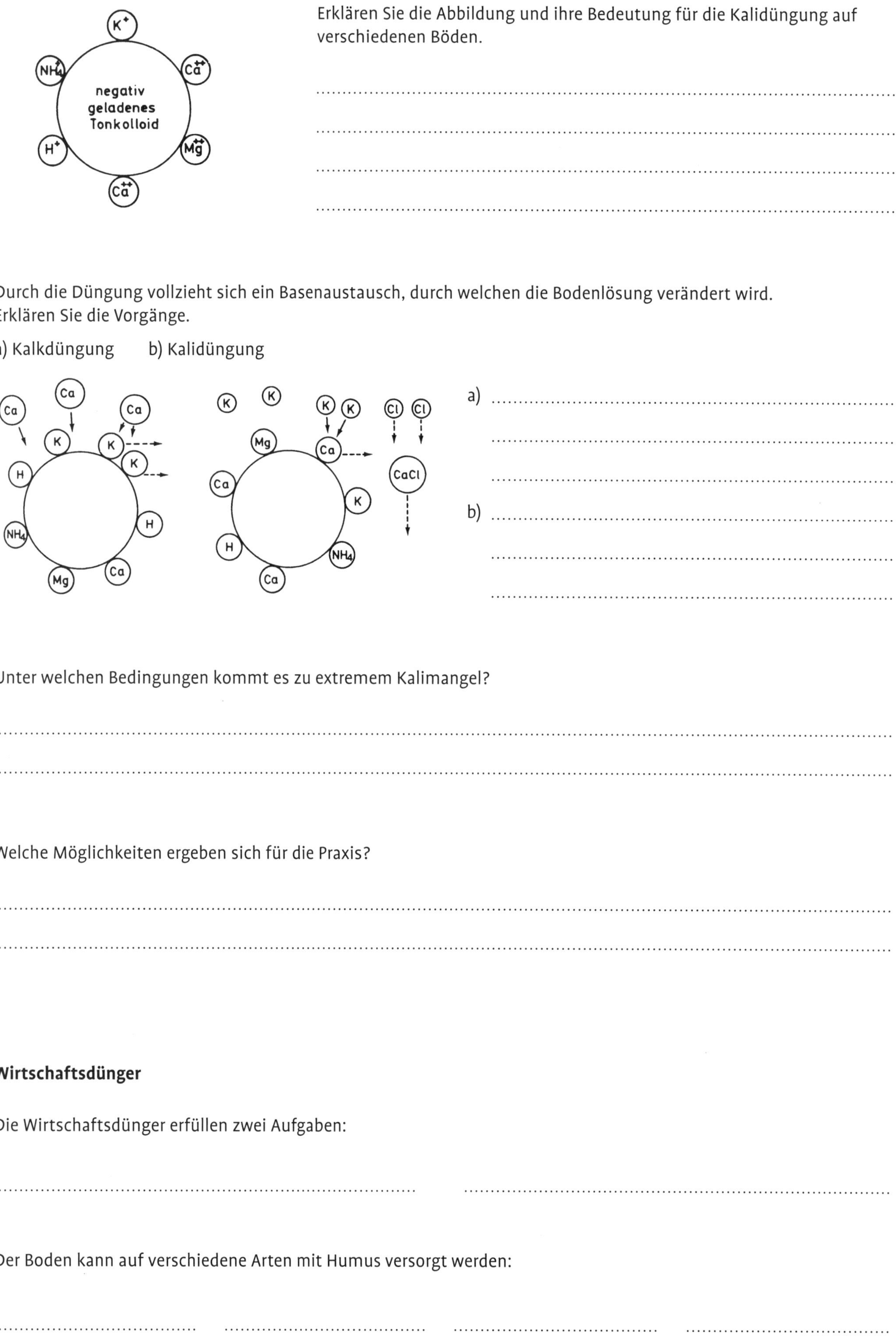

Erklären Sie die Abbildung und ihre Bedeutung für die Kalidüngung auf verschiedenen Böden.

....

....

....

....

Durch die Düngung vollzieht sich ein Basenaustausch, durch welchen die Bodenlösung verändert wird. Erklären Sie die Vorgänge.

a) Kalkdüngung b) Kalidüngung

a) ....

....

....

b) ....

....

....

Unter welchen Bedingungen kommt es zu extremem Kalimangel?

....

....

Welche Möglichkeiten ergeben sich für die Praxis?

....

....

Wirtschaftsdünger

Die Wirtschaftsdünger erfüllen zwei Aufgaben:

....

Der Boden kann auf verschiedene Arten mit Humus versorgt werden:

....

Festmist

Was versteht man unter Festmist und wovon hängen die Nährstoffgehalte ab?

....

....

Die Düngung ist jahreszeitlich begrenzt. Begründen Sie.

....

....

Bei der Lagerung vollziehen sich Umsetzungen im Mist = Rotte. Berichten Sie über die Vorgänge:

....

....

....

....

Bei sachgerechter und sorgfältiger Durchführung des Verfahrens liegen die N-Verluste bei .... und die Substanzverluste bei ....

Flüssigmist

Flüssigmist ist ein Gemisch, das sich ständig in einem Umsetzungsprozess befindet.

Ergänzen Sie die fehlenden Bestandteile:

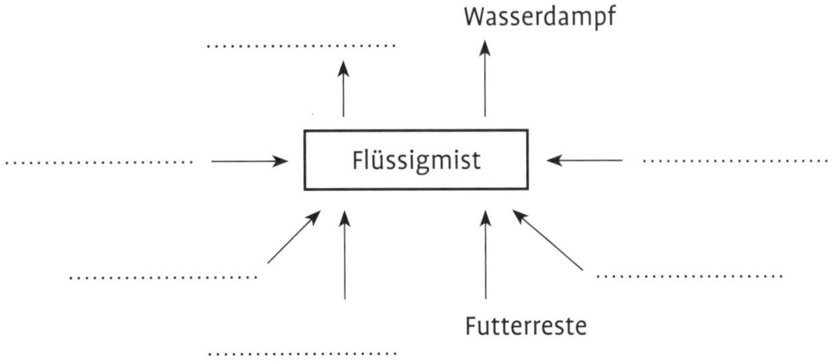

.... Wasserdampf

.... → Flüssigmist ← ....

....

Futterreste

....

Die anfallende Düngemenge und der Nährstoffgehalt werden beeinflusst von:

a) .... b) .... c) .... d) ....

Nährstoffgehalte verschiedener Güllen zum Zeitpunkt der Ausbringung (in kg/m³) siehe Anhang.

Wie kann der Trockenmassegehalt beeinflusst werden?

Verhältnis von Gesamt-N zu Ammonium-N: bei Rindern 2:1, bei Schweinen und Hühnern: 3:2

P_2O_5-Gehalt:

K_2O-Gehalt:

Welche Folgen ergeben sich daraus?

Die Wirkung der Güllenährstoffe wird mit derjenigen von Mineraldünger verglichen = Mineraläquivalent (MDÄ)

Die Wirksamkeit wird in % angegeben, sie beträgt bei N 50 %, bei P und K 100 %.

Der Stickstoff ist in der Gülle in zwei verschiedenen Formen enthalten.

Lagerung und Anwendung

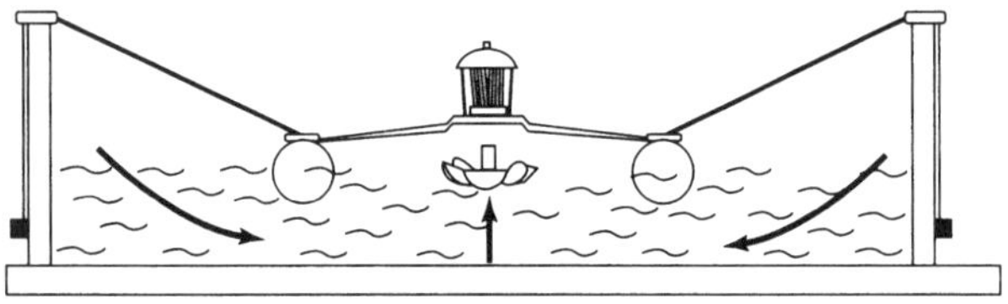

Oberflächenbelüfter

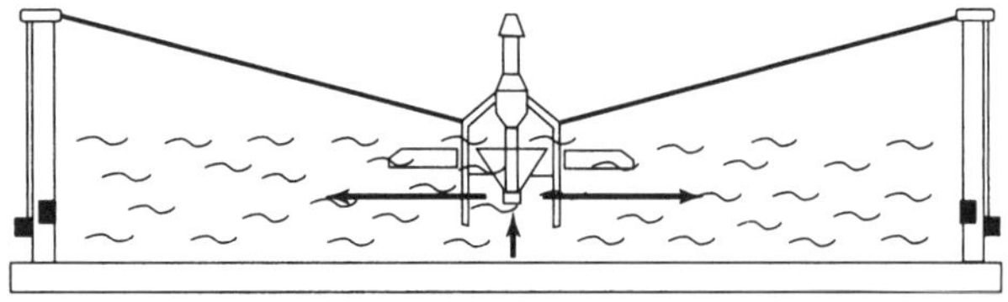

Tiefenbelüfter

Welche Vorgänge vollziehen sich im Güllelager?

Beschreiben Sie die Aufgabe des Rührgerätes.

Welche Vorsichtsmaßnahmen sind hierbei zu beachten?

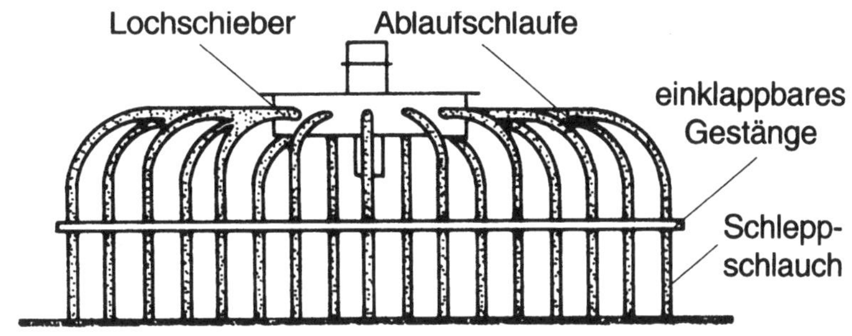

Welche Gesichtspunkte sind beim Ausbringen von Flüssigmist zu beachten?

Welche Lagerkapazität schreibt die Düngeverordnung vor?

Erklären Sie die Bilanzierung der Nährstoffe.

Gründüngung

Gründüngung kann Stallmist weitgehend ersetzen. Zur Gründüngung eignen sich folgende Pflanzen.

Als Untersaat:

Als Stoppelsaat:

Sie werden in den Boden eingearbeitet und verrotten.

Welche Nebenwirkungen hat Gründüngung gegenüber Stalldung?

Strohdüngung

Der viehlose Betrieb und die streulose Aufstallung führen zu Strohüberschuss. Die Verwendung des Strohs als Humusdünger ist daher angebracht. Bei der Strohdüngung sind allerdings wichtige Maßnahmen zu beachten.

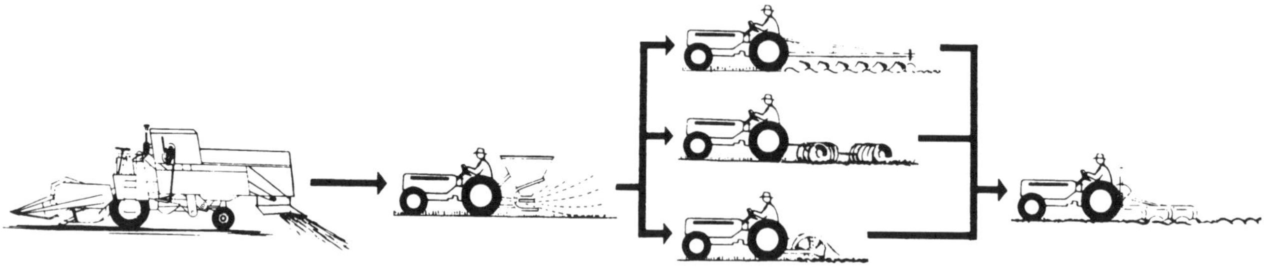

....

Erklären Sie die einzelnen Schritte der Strohdüngung.

....

....

....

....

....

Ziel ist es, dass bereits im Herbst .... des Strohs abgebaut sein soll.
Welche N-Dünger eignen sich hierzu besonders?

....

Klärschlamm

Welche Bedeutung hat Klärschlamm als Düngemittel?

....

Was ist beim Ausbringen von Klärschlamm zu beachten?

....

....

....

....

Zu welchen Kulturen kann Klärschlamm ausgebracht werden?

....

§ § § § § § § § § § § § § §

Klärschlamm-Verordnung

Die Ausbringung von Klärschlamm unterliegt einer gesetzlichen Regelung. In der so genannten Klärschlammverordnung sind die Anforderungen an Landwirte geregelt, die Klärschlamm ausbringen oder abnehmen.

Ziel der Klärschlammverordnung ist es, ...

....

In der Klärschlamm-Verordnung wird unter anderem geregelt:

....

....

....

....

Nennen Sie wichtige Punkte der Verordnung.

....

....

....

....

....

....

§ § § § § § § § § § § § § §

Düngeverordnung

Die Düngeverordnung gehört zu den für den Landwirt wichtigsten gesetzlichen Regelwerken.

Welches sind die wesentlichen Inhalte der Verordnung?

1. ....

....

2. ....
3. ....
4. ....
5. ....
6. ....

§ § § § § § § § § § § § § §

Düngeverordnung (Fortsetzung)

7. ....

8. ....

Wie lange müssen die Aufzeichnungen aufbewahrt werden?

....

Berechnung der Grunddüngung

Die Bodenanalyse für den Schlag mit den unten aufgeführten Maßen ergab folgende Werte:

P_2O_5 8 mg/100 g Boden, K_2O 17 mg/100 g Boden und MgO 8 mg/100 g Boden. Bei der Bodenart handelt es sich um schluffigen Lehm.

Im Vorjahr wurde Gerste angebaut, deren Erntereste abgefahren wurden. Die folgenden Kulturen sind Raps (45 dt/ha), Weizen (100 dt/ha) und Gerste (80 dt/ha). Die Erntereste werden nicht abgefahren. Alle Kulturen sollen 25 m^3 Rindergülle mit 8 % TS erhalten.

Für die Ergänzungsdüngung soll Diammonphosphat und Kornkali eingesetzt werden.

Aufgaben:

1. Berechnen Sie die noch notwendige mineralische Ergänzungsdüngung für Phosphor, Kalium und Magnesium.
2. Als Düngemittel soll für die Phosphordüngung Diammonphosphat eingesetzt werden. Welche Menge wird benötigt und was wird sie kosten? Nennen SIe ebenfalls den Preis für 1 kg Reinnährstoff Phosphat. Berechnen Sie die benötigte Menge Kornkali und deren Kosten.

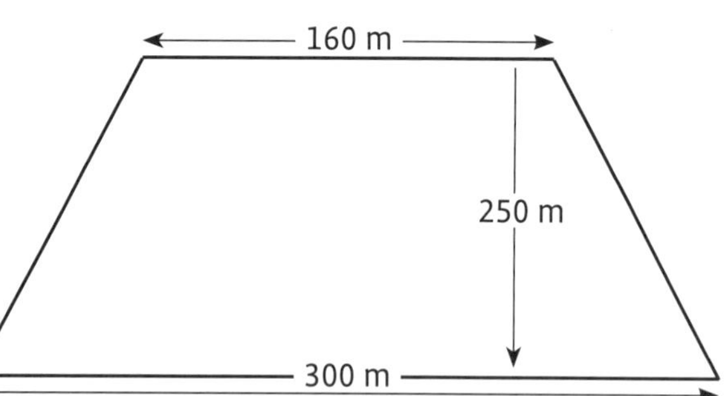

3. Der Nährstoffgehalt für Kalium ändert sich und sinkt auf 8 mg/ 100 g Boden. Berechnen Sie die jetzt notwendige mineralische Ergänzungsdüngung.
4. Die Kaliumdüngung soll mit Kornkali durchgeführt werden. Berechnen Sie die notwendige Düngemittelmenge und deren Kosten. Wie viel kostet 1 kg Reinnährstoff Kalium.

Notwendige Daten im Anhang:

Tab. A1: Nährstoffentzüge (kg/ha) einiger Ackerkulturen durch Erntegut und Ernterest bei unterschiedlicher Ertragserwartung

Tab. A2: Versorgungsbereiche der Bodennährstoffe und Düngungsempfehlungen

Tab. A3: Mittlere Nährstoffgehalte organischer Dünger

Berechnung der Grunddüngung (Fortsetzung)

Versorgungsbereich	**B**	**C**	**D**	**B**
	P_2O_5	**K_2O**	**MgO**	**K_2O**
Anbau Raps 45 dt/ha				
– Nährstoffentzug				
Korn				
Stroh				
– Zu-Abschläge nach Bodenversorgung				
– Nährstoffrücklieferung				
Erntereste				
Gülle 25 m^3				
Differenz				
Anbau Weizen 100 dt/ha				
– Nährstoffentzug				
Korn				
Stroh				
– Zu-Abschläge nach Bodenversorgung				
– Nährstoffrücklieferung				
Erntereste Rapsstroh				
Gülle 25 m^3				
Differenz				
Anbau Gerste 80 dt/ha				
– Nährstoffentzug				
Korn				
Stroh				
– Zu-Abschläge nach Bodenversorgung				
– Nährstoffrücklieferung				
Erntereste Weizenstroh				
Gülle 25 m^3				
Differenz				
Gesamtdifferenz				
Für die gesamte Fläche von …………… ha				

Berechnung der Grunddüngung (Fortsetzung)

Phosphat

Düngemenge

Diammonphosphat 48 kg P_2O_5 in 100 kg Dünger

benötigt werden .... kg P_2O_5 /ha

für den Schlag: ....

Düngekosten

Diammonphosphat .... €/dt

....

für den Schlag: ....

Reinnährstoff

KAS ....

....

Diammonphosphat

....

....

....

....

Kalium

Düngemenge

Kornkali 40 kg K_2O in 100 kg Dünger

benötigt werden .... kg K_2O/ha

für den Schlag: ....

Berechnung der Grunddüngung (Fortsetzung)

Düngekosten

Kornkali .... €/dt

....

....

Reinnährstoff

Kornkali 40 % K_2O ....

....

Nährstoffvergleich

Was ist günstiger: Einnährstoffdünger oder Mehrnährstoffdünger?

Stickstoff:

KAS ....

....

Phosphat:

Triple-Superphosphat ....

....

Kalium:

Kornkali ....

....

Mehrnährstoffdünger:

....

....

....

....

....

....

....

....

3 Unkrautbekämpfung

Eine gezielte Unkrautbekämpfung ist nur möglich, wenn man die Unkräuter schon frühzeitig erkennt. Beschreiben Sie die abgebildeten Formen der Keim- und Laubblätter. Um welche Unkräuter handelt es sich? Sammeln und trocknen Sie die Unkräuter und kleben Sie sie zu den richtigen Keimblattstadien.

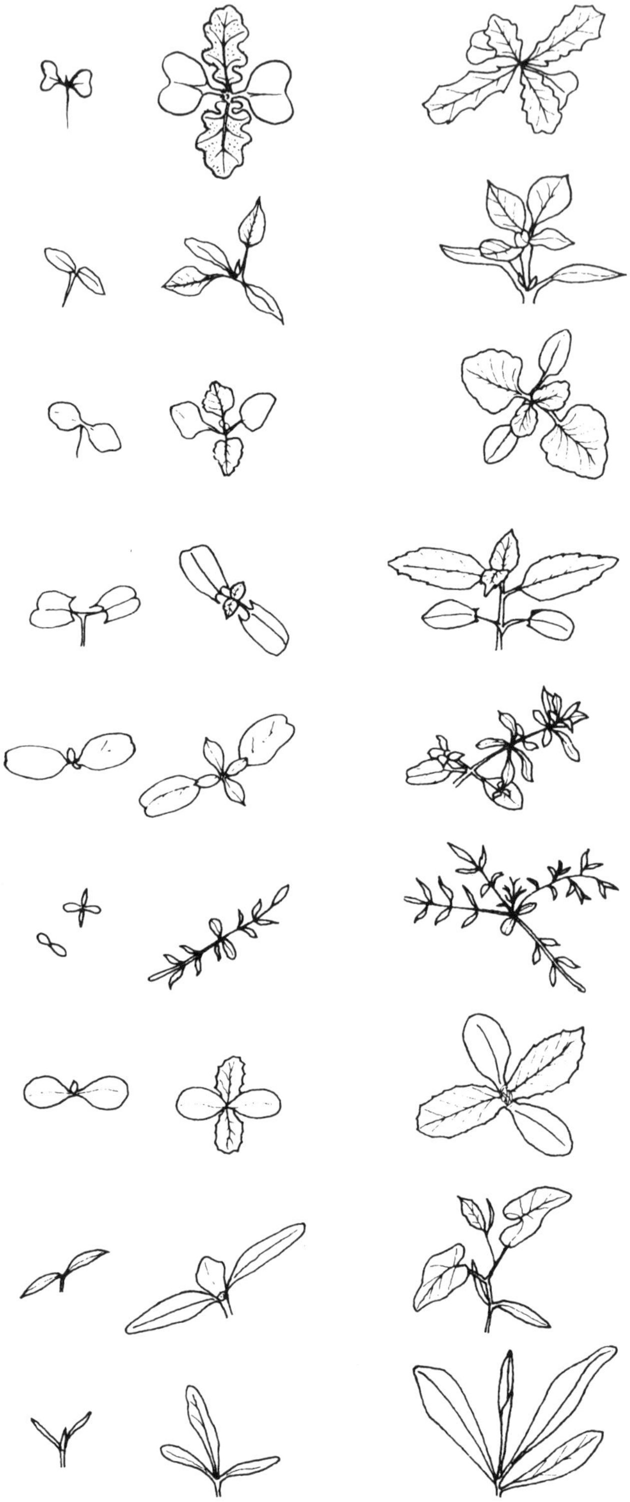

....

....

....

....

....

....

....

....

....

....

....

....

....

....

....

....

....

Unkrautdeckungsgrad und Schadensschwelle

Erklären Sie den Begriff **Unkrautdeckungsgrad.**

....

....

....

....

....

....

....

Was ist die Schadensschwelle und von welchen Faktoren wird sie beeinflusst? Erklären Sie die Abbildungen.

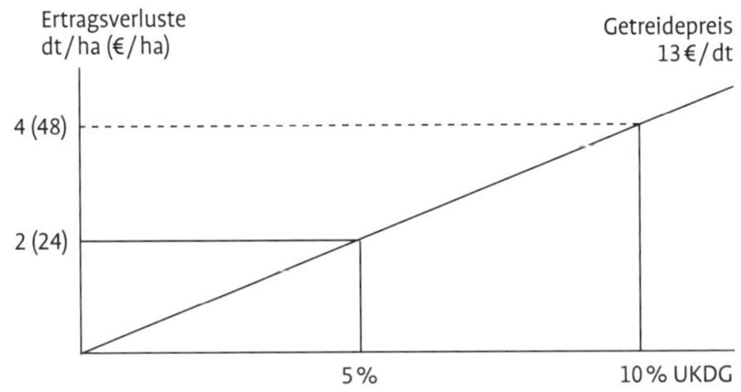

Ertragsverluste dt/ha (€/ha)
Getreidepreis 13 €/dt
4 (48)
2 (24)
5 %
10 % UKDG

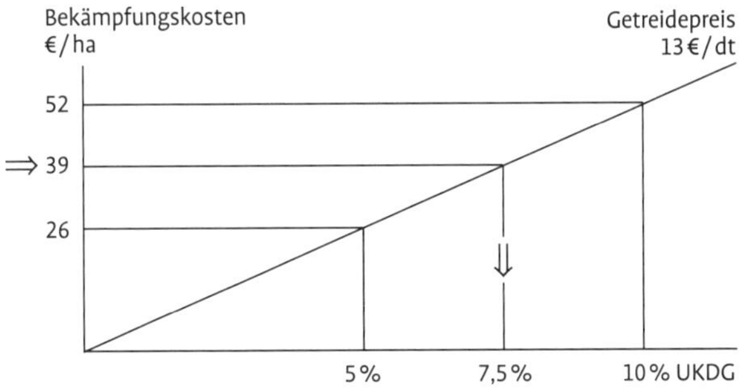

Bekämpfungskosten €/ha
Getreidepreis 13 €/dt
52
⟹ 39
26
5 %
7,5 %
10 % UKDG

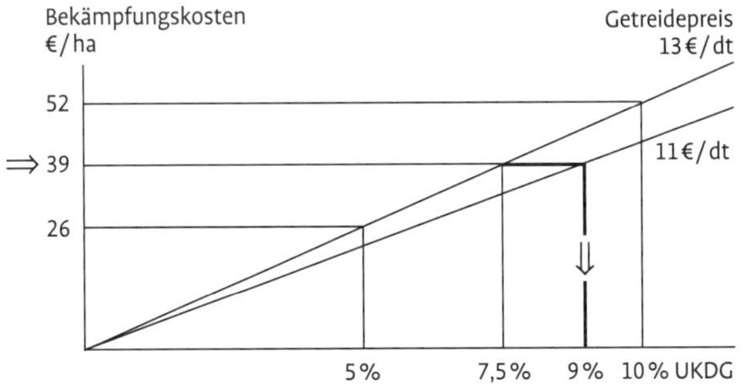

Bekämpfungskosten €/ha
Getreidepreis 13 €/dt
11 €/dt
52
⟹ 39
26
5 %
7,5 %
9 %
10 % UKDG

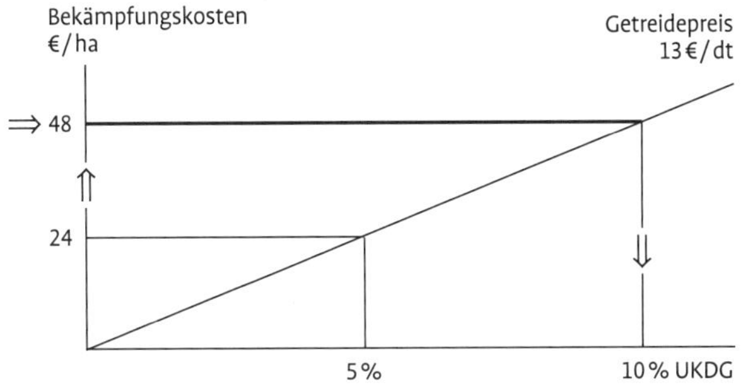

Bekämpfungskosten €/ha
Getreidepreis 13 €/dt
⟹ 48
24
5 %
10 % UKDG

Beschreiben Sie das Ziel des integrierten Pflanzenschutzes.

....

....

....

....

....

Wie wird die Unkrautbekämpfung im integrierten Pflanzenschutz durchgeführt?

....

....

....

Der Anwendungszeitpunkt der Unkrautbekämpfung richtet sich nach den Entwicklungsstadien der Unkräuter und der Kultur. Bezeichnen Sie die Entwicklungsstadien und tragen Sie die Mittel ein, die im entsprechenden Stadium eingesetzt werden können.

....

....

Nennen Sie Geräte, die zur mechanischen Unkrautbekämpfung verwendet werden.

....

....

Welche Unkräuter können mit Hilfe der mechanischen Maßnahmen wirkungsvoll bekämpft werden?

....

....

Die Bekämpfung von Ungräsern ist schwieriger als die der Unkräuter. Geben Sie Gründe an:

....

....

Benennen Sie die drei abgebildeten Ungräser und ergänzen Sie die Tabelle:

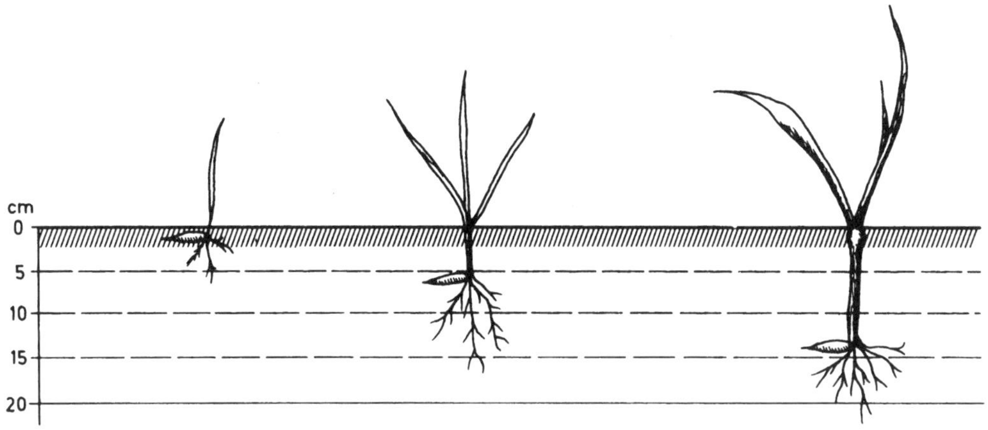

Keimblatt			
Keimtiefe			
Keimzeit			
Bekämpfungsmittel (Beispiele)			

Herbizide und Auflagen

Herbizide unterscheiden sich in der Aufnahme von der Pflanze und der Verteilung in der Pflanze.
Wie werden die verschiedenen Herbizide genannt und wie wirken sie?

Aufnahmeweise:

Wirkungsweise

Zur Bekämpfung von Unkräutern können ebenfalls Wuchsstoffmittel eingesetzt werden.
Beschreiben Sie ihre Wirkungsweise:

Was ist beispielsweise beim Einsatz im Getreide zu beachten?

....

....

....

Ergänzen Sie die Tabelle über die Auflagen für Pflanzenschutzmittel.

	Schutzgut	Schutzbereich
NW	....	....
NT	....	....
NG	....	....
NB B1-B4	....	....

§ § § § § § § § § § § § § §

Pflanzenschutzgesetz

Zweck des Pflanzenschutzgesetzes ist der Schutz der Kulturpflanzen vor Schadorganismen ebenso wie die Abwendung von Gefahren, die durch die Anwendung von Pflanzenschutzmitteln oder durch andere Maßnahmen des Pflanzenschutzes für die Gesundheit von Mensch und Tier für den Naturhaushalt entstehen können.

Ergänzen Sie:

Geregelt werden 1. die ...., 2. ...., 3. ....

.... und 4. ....,

ebenso wie die notwendigen Anforderungen an ....

Außerdem ist die Dokumentationspflicht für die Pflanzenschutzmittelanwendung geregelt.

Wie lange müssen die Aufzeichnungen aufbewahrt werden und was muss sie beinhalten?

....

....

....

....

Zu den Anforderungen an Anwender zählt vor allem, dass sie über einen .... verfügen.

4 Pflanzenzucht und Saatgutvermehrung

Welche Ziele hat die Pflanzenzucht?

....

....

....

Es gibt verschiedene Züchtungsverfahren. Beschreiben Sie die unten aufgeführten Verfahren näher.

1. Selektion: ....

....

2. Kreuzung: ....

....

....

3. Hybridzucht: ....

....

4. Biotechnologie: ....

....

§ § § § § § § § § § § § § §

Sortenschutzgesetz und Saatgut-Verkehrsgesetz

Was wird im Saatgut-Verkehrsgesetz geregelt?

....

Nur wenn eine Sorte in der ....

eingetragen ist, darf sie gehandelt und verkauft werden.

Es wird unterschieden in die Saatgutkategorie

a) ...., b) ....,

c) .... und d) ....

Durch Aufnahme in .... können die neuen Sorten in die Landes-Sortenversuche

aufgenommen werden.

Im Sortenschutzgesetz wir bestimmt, ...

....

....

Die Erhaltung der Sorten ist Aufgabe des Züchters, die Erzeugung von Saatgut übernehmen die Saatgutvermehrer

Aufgabe des Züchters:

Erhaltungszüchtung einer Kartoffelsorte

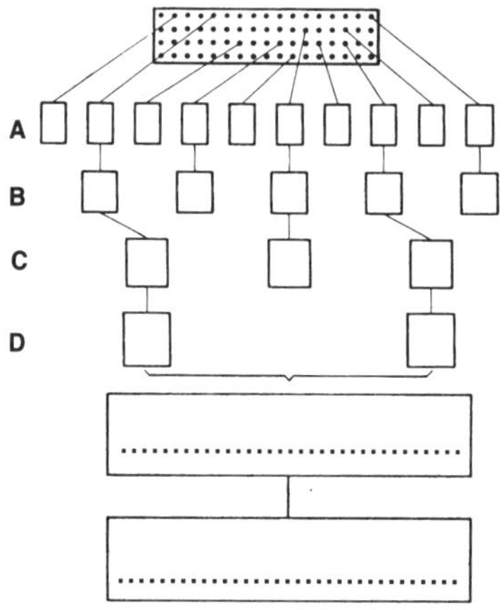

A
B
C
D

....

....

Aufgabe des Vermehrers:

....

Die Anerkennung von zertifiziertem Saatgut erstreckt sich auf:

a) ....

geprüft werden: ....

....

....

b) Speicherprobe ....

Geprüft werden: ....

....

5 Getreideanbau

Hinweise auf die Nutzung von Einkorn, Spelz, Gerste, Hafer und Hirse im süddeutschen Raum gehen auf ca. 4.000 Jahre v. Chr. zurück.

Zu unterscheiden sind die Getreidearten an ihrem artspezifischen Aufbau.

	....	....	....	....
Blütenstand	....	....	....	....
Ährchen	....	....	....	....
Blatthäutchen	....	....	....	....
Öhrchen	....	....	....	....

Getreidepflanze

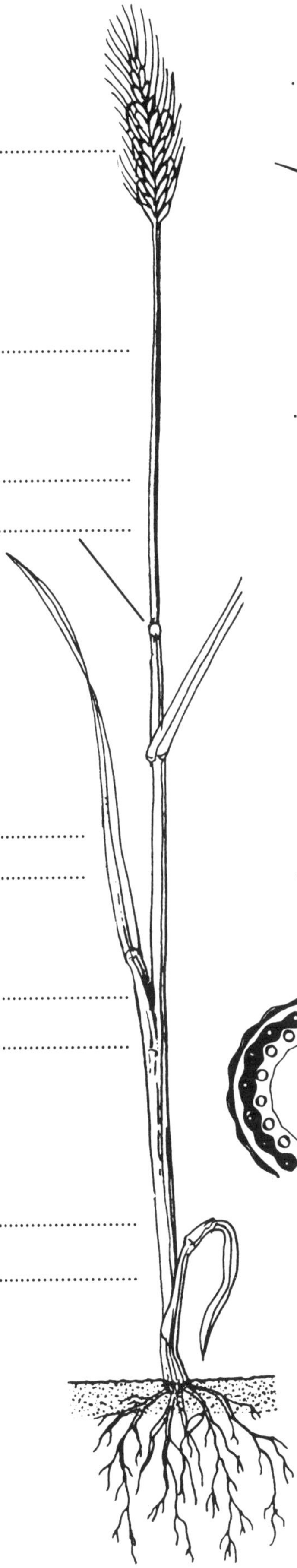

Querschnitte

Bezeichnen Sie die Pflanzenteile und nennen Sie die Aufgaben der Organe:

Teile

Aufgaben

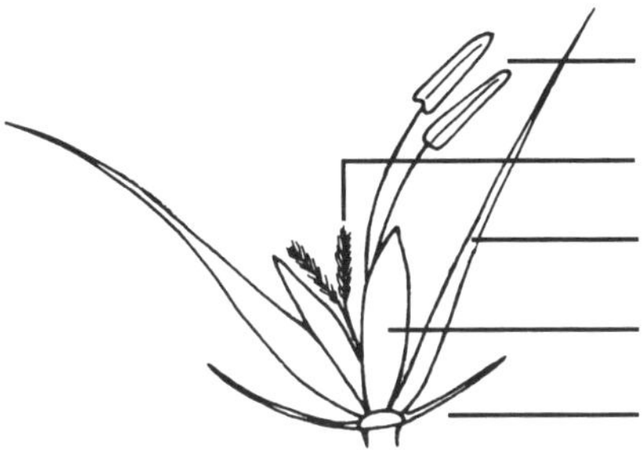

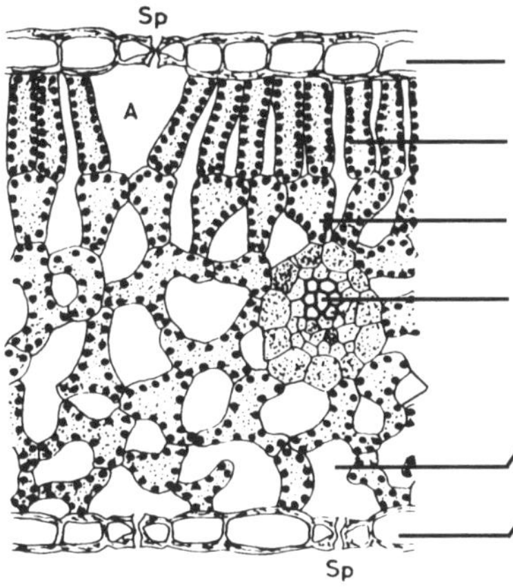

Sp

A

Sp

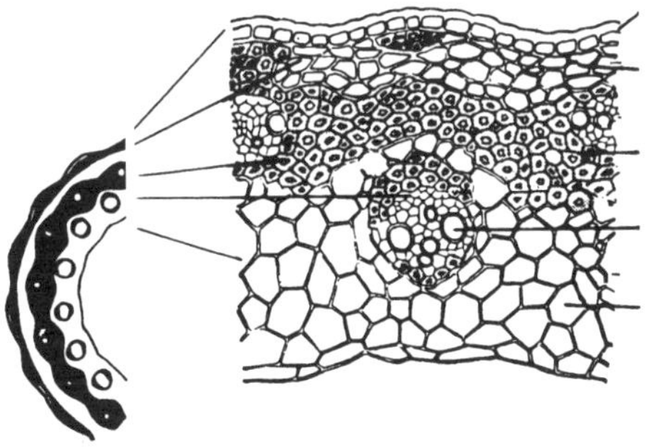

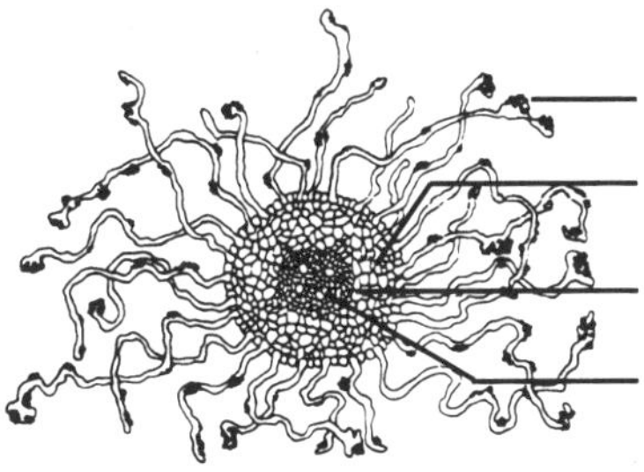

Entwicklungsstadien des Getreides

Beschreiben Sie die EC-Stadien (Abbildung rechts).

Code	EC-Stadium	Beschreibung	
0 Keimung	0–9	....	
1 Blattentwicklung	10	....	....
	11	....	....
	12	....	
	13–19	....	
2 Bestockung	21	....	....
	22	....	
	23	....	
3 Schossen	30	....	....
	31	....	....
	32–34	....	
	37	....	....
	39	....	....
4 Ährenschwellen	45	....	....
	49	....	
5 Ährenschieben	51	....	....
	59	....	
6 Blüte	61	....	....
	65	....	
	69	....	
7 Fruchtbildung	71	....	....
	75	....	....
8 Reife	85	....	....
	87	....	....
	89	....	....
9 Absterben	92	....	....
	97	....	....

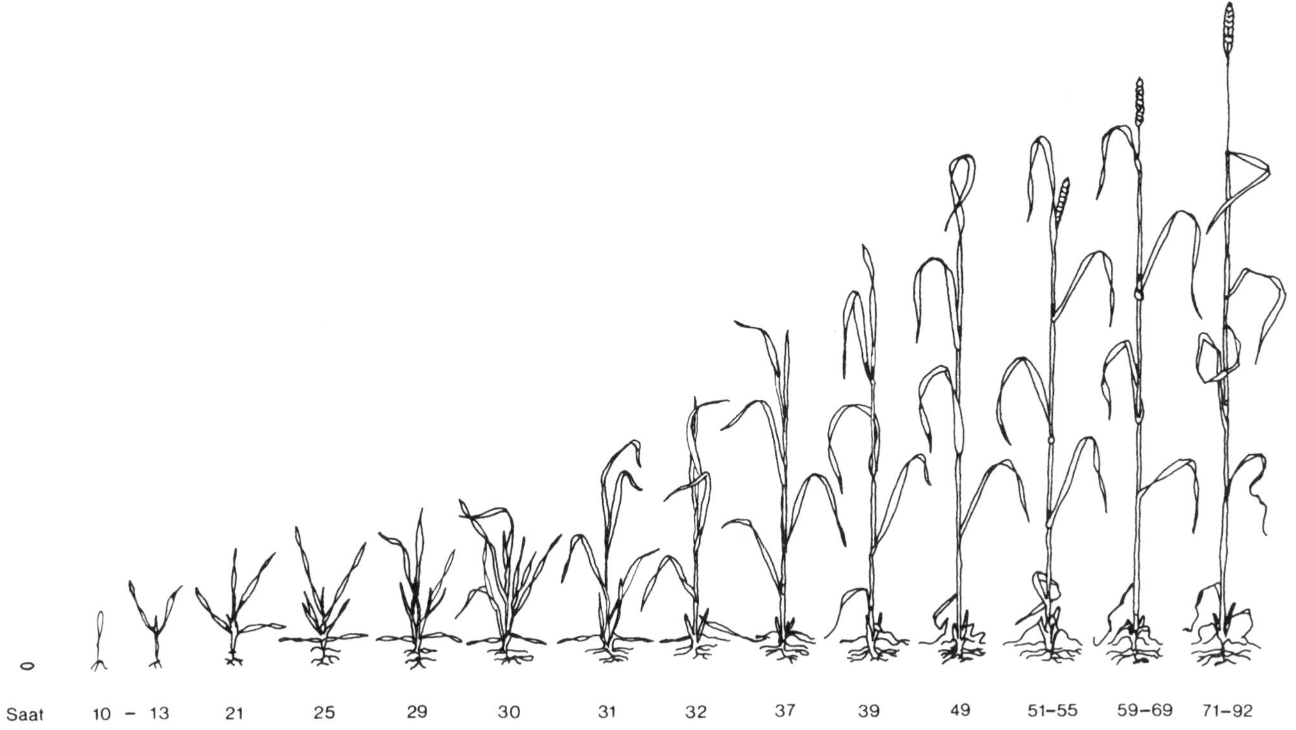

Welche Bedeutung hat die Kenntnis der Entwicklungsstadien?

....

....

Die Bestockung ist die Fähigkeit der Pflanze, ... zu bilden. Sie hat Einfluss auf die spätere

.... Diese gibt die Zahl der ährentragenden Halme pro m² an.

Bis zum Ende der Bestockung benötigt das Getreide ca. .... % des Gesamtnährstoffverbrauchs.

Grundlage für den späteren Ertrag ist die richtige Wahl der Aussaatstärke. Diese ist vor allem von der .... der Sorte abhängig.

N-Düngung

Um seinen Bedarf zu decken, bezieht das Getreide den notwendigen Stickstoff aus verschiedenen Quellen. Welche sind das?

1. ....

2. ....

3. ....

Um die N-Düngung zu optimieren und möglichst bedarfsgerecht bemessen zu können, braucht man den Gesamtsollwert, also kg/ha N aus N_{min} + Düngung. Ergänzen Sie die Tabelle:

Winterweizen (80 dt) ....

Wintergerste (60 dt) ....

Winterroggen (70 dt) ....

Wintertriticale (70 dt) ....

Sommergerste (50 dt) ....

Hafer (60 dt) ....

Der Bodenvorrat an N wird mit der N_{min}-Methode festgestellt. Tragen Sie die Höhe der N-Gaben in kg/ha bei 40 kg N_{min} ein:

Zeitpunkt	EC-Stadien	Winter-weizen	Winter-roggen	Winter-gerste	Sommer-gerste	Hafer
Zur Saat	....	....	....	....	....	....
Bei Vegetationsbeginn	....	....	....	....	....	....
Beim Schossen	....	....	....	....	....	....
Beim Ährenschieben	....	....	....	....	....	....

Welche Wirkung hat Stickstoff auf das Pflanzenwachstum beim Getreide?

Bei Vegetationsbeginn: ....

Beim Schossen: ....

Beim Ährenschieben: ....

Welche N-Dünger eignen sich? ....

Stickstoffaufnahme bei Weizen

Zeichnen Sie den Zeitpunkt der 2. und 3. N-Gabe ein.

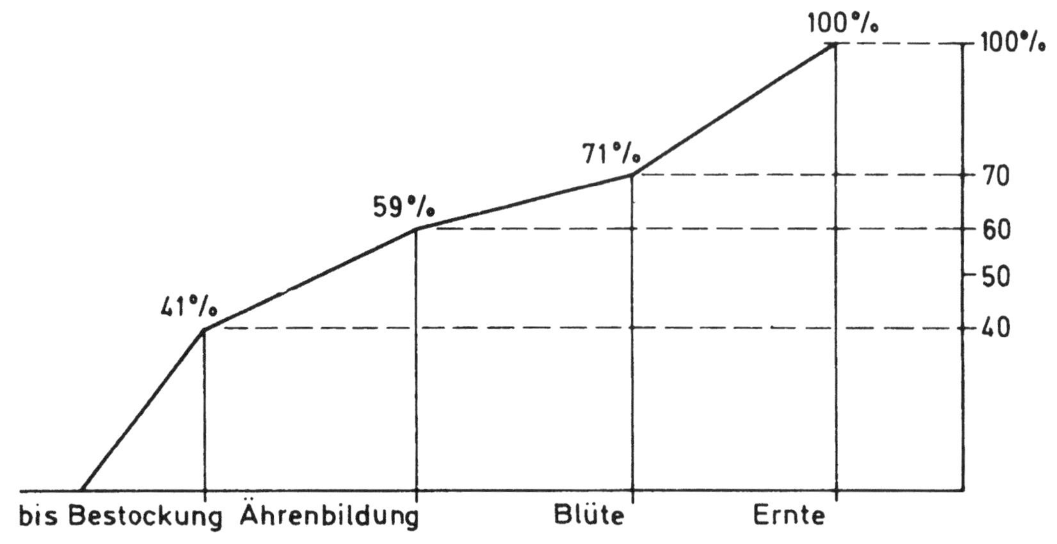

Saatzeit und Saatmenge

In welchem Entwicklungsstadium soll Wintergetreide einwintern?

	EC	Saatzeit
Weizen	....	....
Gerste, Roggen	....	....

Wovon hängt die Saatzeit bei Getreide ab?

....

Warum soll die Saat so früh wie möglich erfolgen?

....

....

Getreideart	Zahl der Pflanzen je m², mittlere Werte	Tausendkorn-gewicht (TKG)	Keimfähigkeit (KF)	Saatmenge (kg/ha)
Weizen	300 (300–400)	45 g	96 %	....
Roggen	350 (300–400)	36 g	92 %	....
Wintergerste	350 (300–400)	40 g	98 %	....
Sommergerste	320 (300–350)	45 g	96 %	....
Triticale	250 (200–300)	46 g	85 %	....
Hafer	400	35 g	89 %	....

Berechnen Sie die Saatmenge aus den obigen Angaben nach der Formel $\frac{n \times TKG}{KF}$

Zuschläge sind nötig für: ....

Saattiefe: .... Reihenabstand: ....

Ein günstiges Verhältnis von Abstand in der Reihe zu Reihenabstand ist ....

Welchen Einfluss hat die Saattiefe auf die Bestockung?

....

....

....

....

Saatbett

Wintergetreide:

Welcher Grundsatz gilt für die Bestellung von Wintergetreide?

....

....

....

Welche ackerbaulichen Maßnahmen sind dazu erforderlich?

....

....

Wie wirken sich Fehler in der Bestellung aus?

....

....

Sommergetreide:

Grundsatz: ....

Maßnahmen: ....

Getreidearten stellen unterschiedliche Ansprüche an das Saatbett.

a) ein feinkrümmeliges Saatbett verlangen: ....

b) ein raueres Saatbett vertragen: ....

Sortenwahl

Nach welchen Gesichtspunkten erfolgt die Sortenwahl beim Getreide?

....

....

....

Die Weizensorten werden nach ihrer Backqualität in Güteklassen eingeteilt. Für die Beurteilung und Einstufung in diese Klassen werden 4 Eigenschaften genau festgestellt. Erklären Sie diese und ergänzen Sie die Tabelle:

Rohproteingehalt: ....

....

Sedimentationswert: ....

....

Fallzahl: ....

....

Backfähigkeit: ....

....

Güteklasse	Backqualität	Volumenausbeute	Verwendung	Sorten
E Eliteweizen	+++	8–9	Backweizen	....
A Qualitätsweizen	++	6- 8	Aufmischweizen	....
B Brotweizen	+	4–5	Aufmischen nötig	....
C Futterweizen	–	1–3	Futterweizen	....
K Keksweizen			Keksherstellung	....

Bei der Sortenwahl sind die Empfehlungen der Landesanstalten für Pflanzenbau zu beachten.

Beurteilen Sie Ertrag und Qualität der Landesanstalt für Pflanzenbau Baden-Württemberg:

Sorte		Ertrag in dt/ha	Rohprotein in %	Fallzahl
Ponticus	E	91,6	14,2	447
Chaplin	A	100,0	12,4	447
Prothus	B	102,8	12,9	381

....

Klebergehalt und Backqualität sind zwar sortenabhängig, können aber durch Düngung beeinflusst werden (Klebergehalt ist bis zu 75 % durch Düngung beeinflussbar, Kleberqualität ist bis zu 75 % genetisch bedingt)

Bei der Braugerste spielen andere Gütemerkmale eine Rolle. Zählen Sie diese auf:

....

....

Nennen Sie Sorten für Braugerste: ....

für Futtergerste. ....

Krankheiten

Beim Getreide unterscheidet man a) .... und b) ....

Was sind Mangelkrankheiten und wie werden sie hervorgerufen?

....

Welche Pflanzenteile können von Pilzkrankheiten befallen werden?

....

Auf welche Weise kann die Infektion von Pilzkrankheiten erfolgen?

....

Unterschieden wird daher in samenbürtige und bodenbürtige Erreger. Nennen Sie Beispiele.

Samenbürtige Erreger: ....

Bodenbürtige Erreger: ....

Wie sind bodenbürtige Erreger zu bekämpfen? ....

Worauf ist beim Beizen zu achten?

....

....

Weitere Pilzkrankheiten sind die so genannten **Fußkrankheiten**.

Nennen Sie diese und beschreiben Sie das Krankheitsbild

Schwarzbeinigkeit

....

....

....

....

befallene Getreidearten

....

Halmbruchkrankheit

....

....

....

....

....

Berichten Sie über die Ausbreitung und die Bekämpfung:

....

....

....

....

....

Zu den **Blattkrankheiten** beim Getreide zählen:

Getreiderost, Mehltau und die Streifenkrankheit der Gerste.

a) Getreiderost

Es gibt drei Arten des Getreiderostes. Nennen Sie die Arten und ihr typisches Krankheitsbild.

....

....

....

Was kann gegen die Ausbreitung der Krankheit getan werden?

....

....

....

b) Mehltau

Beschreiben Sie das Krankheitsbild und die Bekämpfungsmöglichkeiten des Mehltaus. Nennen Sie Wirtspflanzen.

....

....

....

....

c) Streifenkrankheit der Gerste

Beschreiben Sie das Krankheitsbild und die Bekämpfungsmöglichkeiten der Streifenkrankheit.

....

....

....

Ährenkrankheiten

Hierzu zählen: Brandkrankheiten, Spelzkrankheiten und Taubährigkeit (Ährenfusarium)

a) Brandkrankheiten

Nennen Sie die Krankheiten

....

Getreideart	....	....	....	....
Wo sitz der Erreger	....	....	....	....
Bekämpfung	....	....	....	....
	....	....	....	....

b) Spelzenkrankheit

Beschreiben Sie das Krankheitsbild und die Bekämpfungsmöglichkeiten der Spelzenkrankheit.

....

....

....

c) Taubährigkeit (Ährenfusarium)

Beschreiben Sie das Krankheitsbild und die Bekämpfungsmöglichkeiten. Nennen Sie Wirtspflanzen.

....

....

....

Schädlinge

Um welche Schädlinge handelt es sich? Wie können sie bekämpft werden?

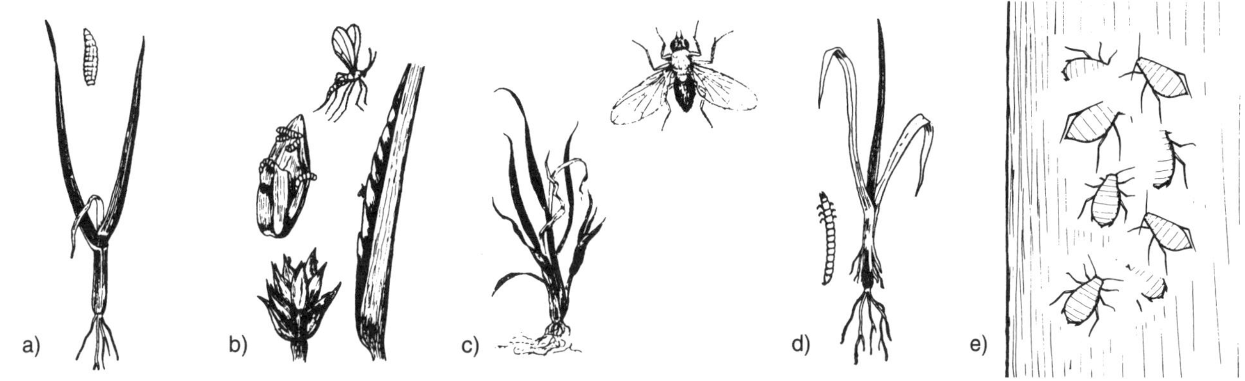

Schädling .... Vorbeuge und Bekämpfung ....

....

....

....

....

....

....

....

Unkraubekämpfung

Der Zeitpunkt der Anwendung der einzelnen Mittel ist genau einzuhalten. Tragen Sie die Entwicklungsstadien des Getreides und den Anwendungsbereich in waagerechten Linien unter die Zeichnung ein:

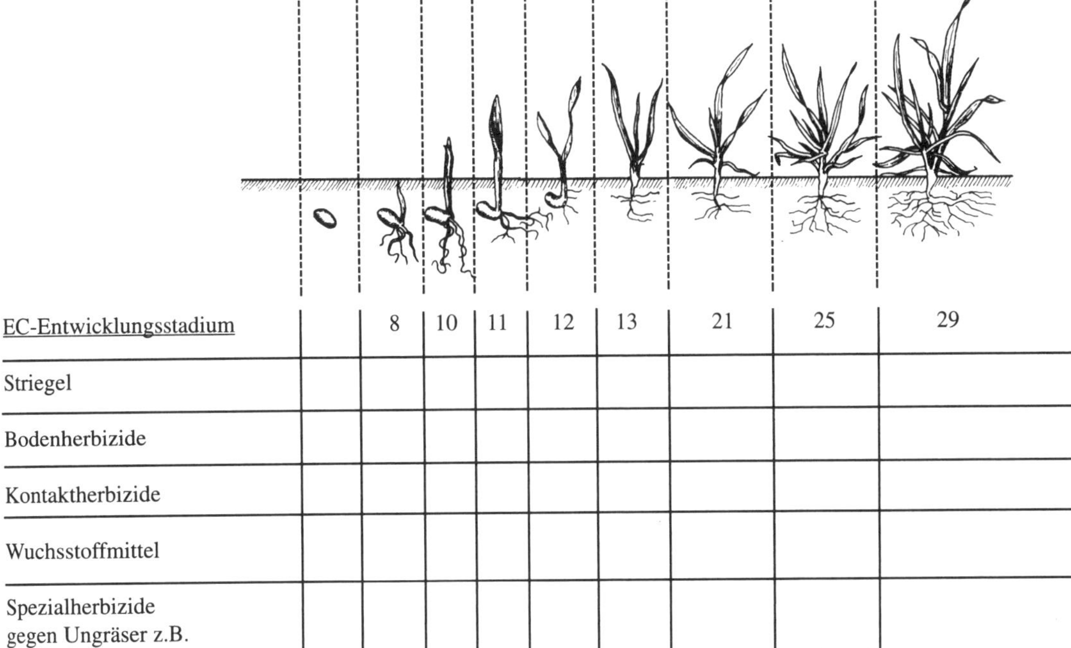

EC-Entwicklungsstadium		8	10	11	12	13	21	25	29
Striegel									
Bodenherbizide									
Kontaktherbizide									
Wuchsstoffmittel									
Spezialherbizide gegen Ungräser z.B.									

Getreideernte

Reifestadien

Ergänzen Sie die Tabelle:

	Wassergehalt in % (Korn)	Erkennungsmerkmale	
		Korninhalt	Halm
Milchreife	....	....	....
Teigreife	....	....	....
Gelbreife	....	....	....
Vollreife	....	....	....
Totreife	....	....	....

Die Getreideernte erfolgt mit dem Mähdrescher. Der Mähdrusch verlangt unkrautfreie und stehende Bestände. Welche Maßnahmen dienen diesem Ziel?

....

....

....

....

Die Einsatzzeit des Mähdreschers ist begrenzt. Berichten Sie über den Mähdreschereinsatz:

....

....

Das Mähen am Hang erfordert besondere Vorsicht. Wie können Unfälle vermieden werden?

....

....

Wie können Verluste beim Mähen von Lagergetreide verringert werden?

....

....

Strohbergung

Die Strohbergung ist interessant für Betriebe mit ....

Sie erfolgt mit den Maschinen, die auch zur Heubergung eingesetzt werden. In vielen Betrieben wird das Stroh in den Boden eingearbeitet und dient zur ....

Kornbergung

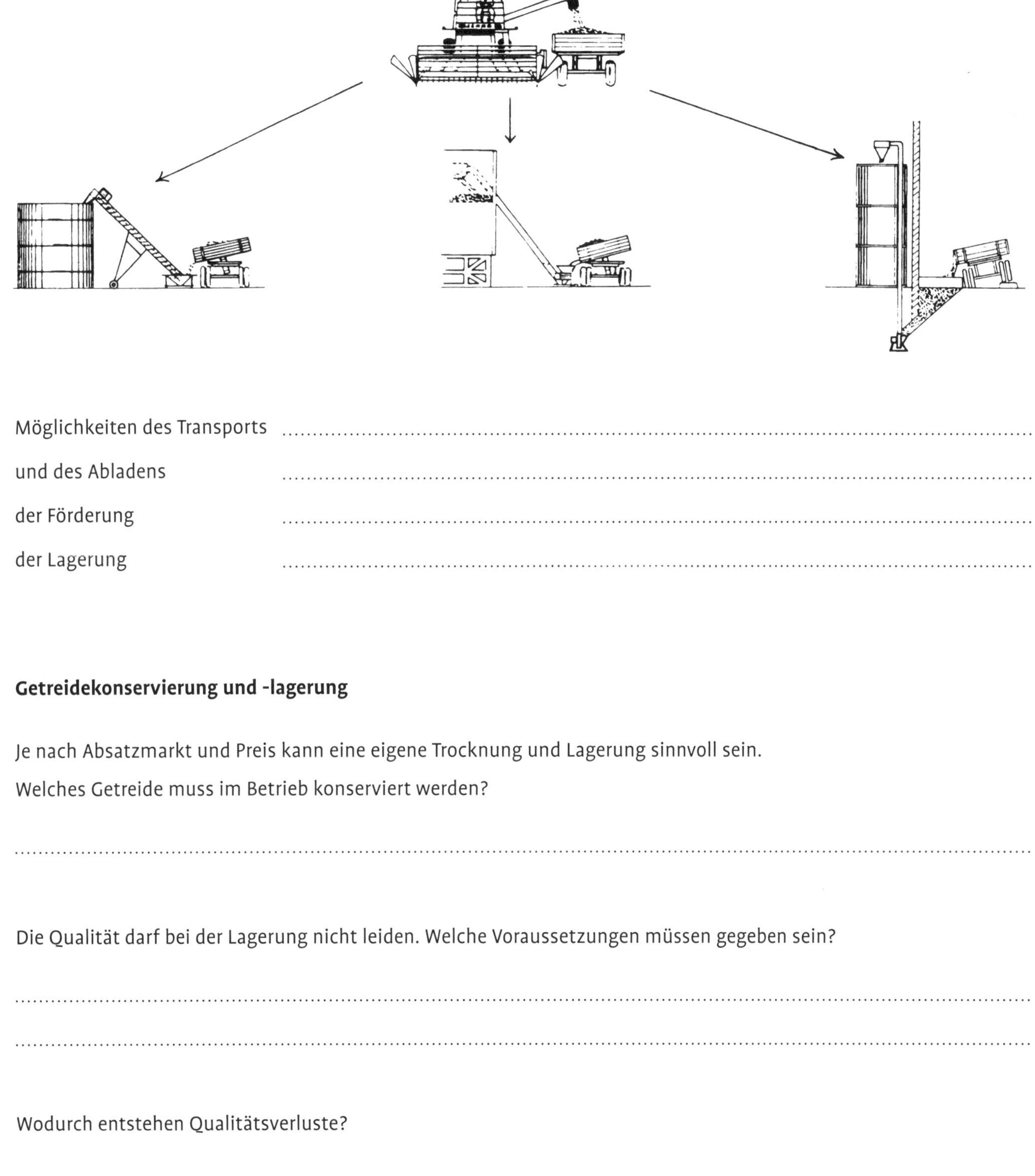

Möglichkeiten des Transports ....

und des Abladens ....

der Förderung ....

der Lagerung ....

Getreidekonservierung und -lagerung

Je nach Absatzmarkt und Preis kann eine eigene Trocknung und Lagerung sinnvoll sein.
Welches Getreide muss im Betrieb konserviert werden?

....

Die Qualität darf bei der Lagerung nicht leiden. Welche Voraussetzungen müssen gegeben sein?

....

....

Wodurch entstehen Qualitätsverluste?

....

....

Es gibt zwei Möglichkeiten, das Getreide zu konservieren: ....

Nach welchem Prinzip funktioniert die Getreidetrocknung? ....

Welcher ist der Primärschädling im Getreidelager? Beschreiben Sie Schaden, Entwicklung und Bekämpfung des Schädlings.

....

....

....

....

....

....

....

....

....

....

Zu hohe Temperaturen können Schäden verursachen. Ergänzen Sie:

	Art der Schäden	
bei Saatgut	....	ab ....
bei Brotgetreide	....	ab ....
bei Futtergetreide	....	ab ....
bei Mais	....	ab ....

Trocknungssysteme

Lagerbelüftungstrocknung

a) .... b) .... c) ....

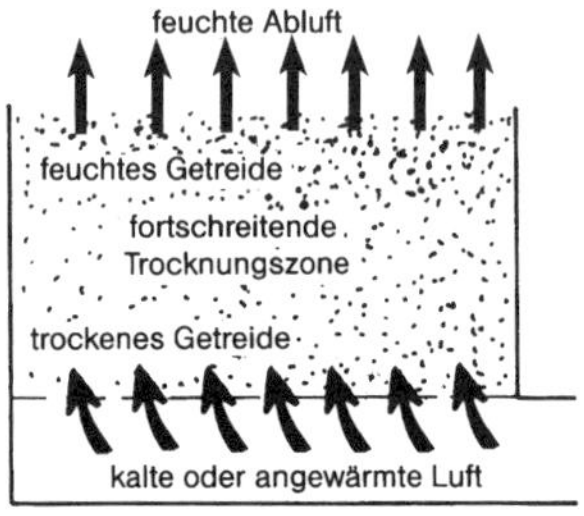

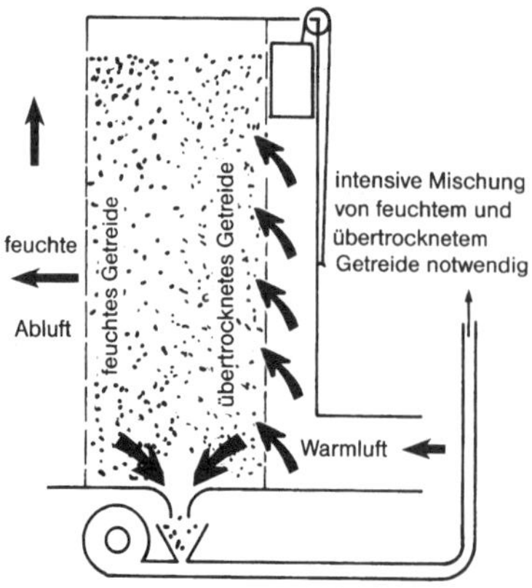

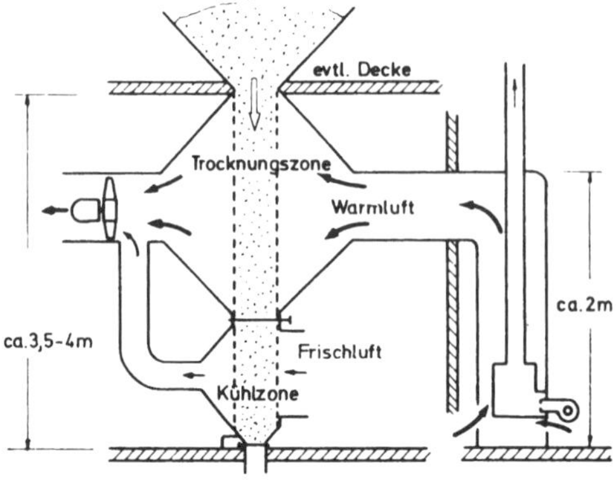

Lufterwärmung um	....	....	....
Belüftungszeit	....	....	....

Beschreiben Sie das Prinzip der Lagerbelüftungstrocknung:

Getreidekühlung

Welcher Unterschied besteht zur Trocknung?

Welche Vorteile bringt die Kühlung?

Vielfach werden Trocknung und Kühlung kombiniert. Nennen Sie zwei Beispiele.

Worauf ist beim Aufschütten von Getreide zu achten?

Worauf ist beim Verlegen von Lüftrungskanälen zu achten?

Strömungs- und Abkühlungsverlauf in der Flachschüttung

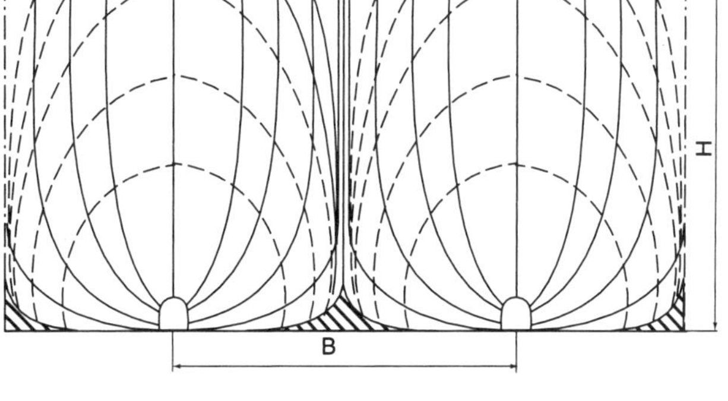

6 Maisanbau

Benennen Sie die Pflanzenteile der **Maispflanze.**

Entwicklungsstadien

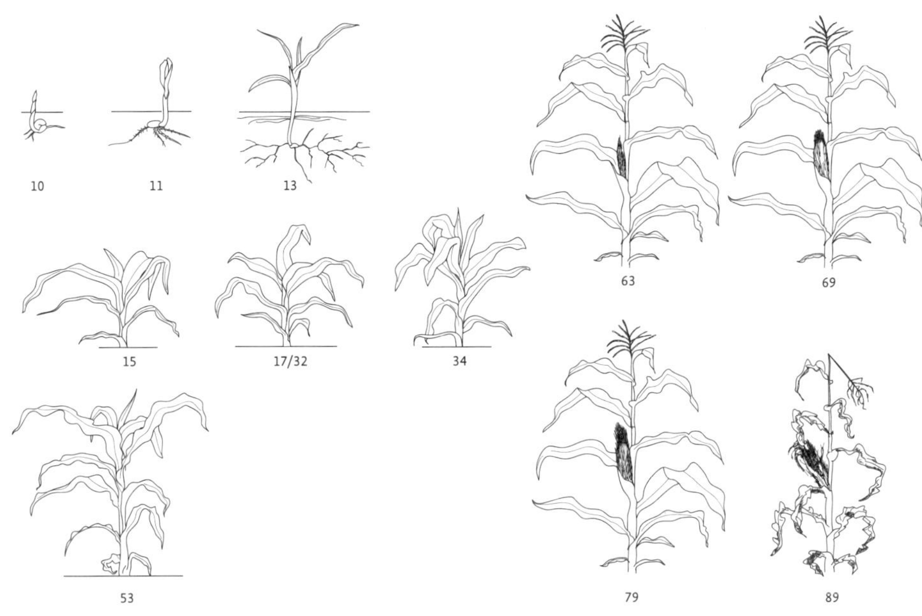

Beschreiben Sie die EC-Stadien.

Code	EC-Stadium	Beschreibung
0 Keimung	0–9	
1 Blattentwicklung	10	
	11	
	12	
	13–19	
3 Schossen	30	
	31	
	32	
	39	
5 Rispenschieben	51	
	53	
	59	
6 Blüte	61	
	63	
	65	
	69	
7 Fruchtbildung	71	
	75	
	79	
8 Reife	83	
	85–87	
	89	
9 Absterben	97	

Mais ist eine wichtige Futterpflanze. Nennen Sie Vor- und Nachteile des Maisanbaus:

Vorteile: ....

Nachteile: ....

Nutzungsarten	Erntezeitpunkt	Verwendung als:
Körnermais	....	....
	....	....
Silomais	....	....
	....	....
Grünmais	....	....
	....	....

Klima

Der Mais stammt aus den Subtropen, daher benötigt er während der Vegetation viel Wasser, Wärme und Sonnenlicht. Nicht jeder Standort eignet sich für den Maisanbau. Seine klimatischen Mindestansprüche sind:

	Keim-tem-peratur	Frostverträglichkeit	Mittlere Lufttemp. Mai–Sept	Sonnenschein-dauer Mai–Sept. Stunden	Niederschläge Mai–Sept. mm	Wärmesumme Mai–Sept.
Silomais	8–10 °C	−1 °C	13,7 °C	900	300–500 (davon mind. 150 im Aug– Sep)	2000
Körner-mais		−3 °C Weniger empfindlich	14,5 °C	900 (davon 360 Aug–Sep)		2220

Unter welchen Voraussetzungen eignen sich folgende Bodenarten für den Maisanbau?

Leichte Böden ....

....

Mittlere Böden ....

....

Schwere Böden ....

....

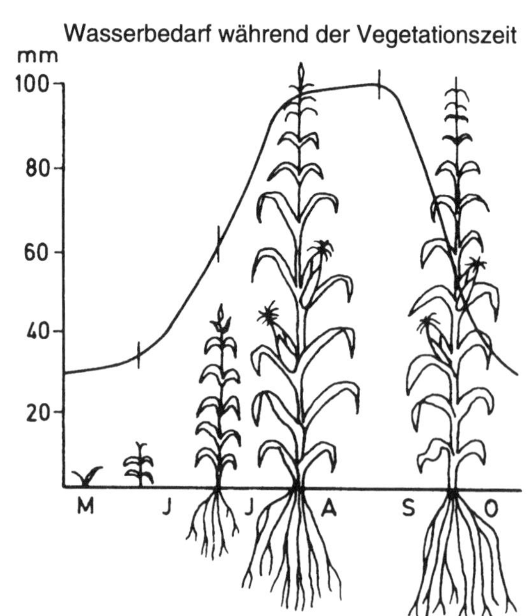

Düngung

Mais ist eine hochleistungsfähige Pflanze, sie verlangt deshalb hohe Düngegaben. Wonach richtet sich der Düngebedarf?

Welche Folgerungen sind aus der nebenstehenden Abbildung zu ziehen?

Zeichnen Sie mit Pfeilen den günstigsten Anwendungstermin ein.

Berichten Sie über den Einsatz von Wirtschaftsdüngern:

Welche Bedeutung hat Ammonphosphat bei der Maisdüngung?

Nennen Sie Vorteile der Unterfußdüngung. Was ist zu beachten?

Sorten

Den Sorten ist die K-Zahl beigefügt, sie gibt die Zuordnung zu bestimmten Reifegruppen an.

Reifegruppe	K-Zahl	Verwendung als	Wärmesumme in °C	Kornertrag	TS-Gehalt
Früh	....	....	2130–2270	106	68,4 %
Mittelfrüh	....	....	2280–2370	113,1	69,5 %
Mittelspät	....	....	2380–2500	118	70,9 %
Spät	....	....	2520–2670		

Beurteilen Sie die Sorten nach Reifegruppen:

....

....

....

Die Differenz von 10 K-Einheiten bedeutet 1–2 Tage in der Reifezeit und 1–2 % TS.

Nennen Sie 5 Kriterien bei der Sortenwahl:

....

Saatzeit und Saatmenge

Mais benötigt zur Keimung eine Bodentemperatur von 8 °C. Er darf also nicht zu früh gesät werden.
Späte Saat mindert den Ertrag. Wovon hängt die angestrebte Bestandsdichte ab?

a) ....

b) ....

c) ....

K-Zahl	Silomais Pflanzen/m^2	Körnermais Pflanzen/m^2
Bis 210	10–12	9–11
220–250	9–11	8–10
260–290	8–10	7–9

Berechnen Sie Abstand in der Reihe und die Saatgutmenge aus der Tabelle bei einem TKG von 400 g:

Pflanzen je m^2	Reihenabstand	Abstand in der Reihe in cm	Saatgutmenge in dt je ha
7	75	....	....
8	75	....	....
10	75	....	....
12	75	....	....

Wie wird die Aussaat durchgeführt?

....

Schädlinge und Krankheiten

Schädlinge / Krankheit	Schadbild	Schadschwelle Vorbeugende Bekämpfung
Fritfliege		
Maiszünsler		
Maisbeulenbrand, Wurzel- und Stängelfäule, Fusarium		
Maiswurzelbohrer		

Pflege und Unkrautbekämpfung

Tragen Sie den Zeitpunkt der Pflege, Unkraut- und Schädlingsbekämpfung ein.

Schädlingsbekämpfung gegen

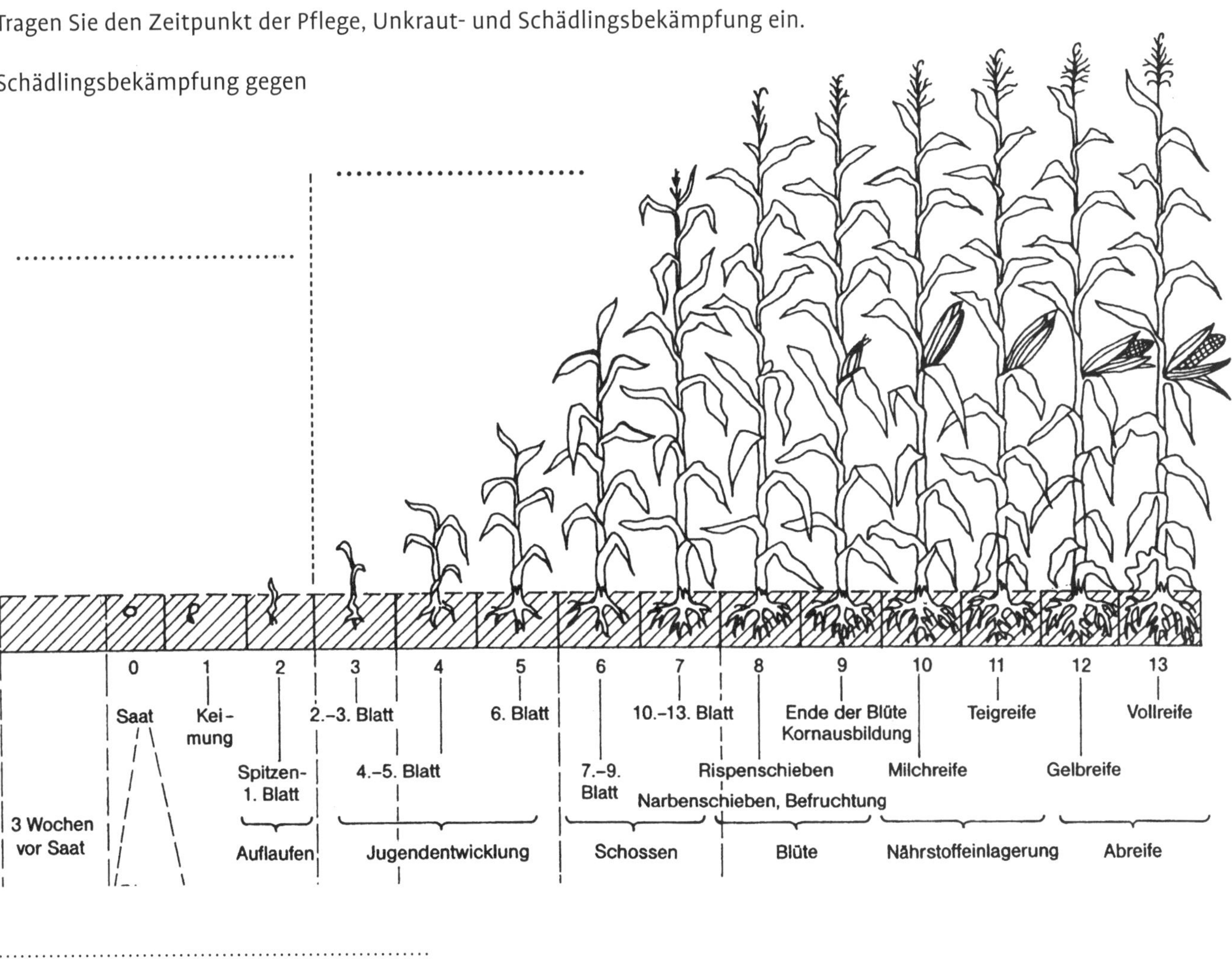

Berichten Sie über den Einsatz der Hackmaschine.

....

....

....

Ergänzen Sie die Tabelle bei einem Reihenabstand von 75 cm:

Wachstumsstadium der Maispflanzen	Werkzeugabstand zur Pflanzenreihe	Breite des bearbeiteten Streifens (cm)	Arbeitstiefe (cm)	Schutzvorrichtung
Bis 4 Blatt	....	....	....	....
4–6 Blatt	....	....	....	....
6–8 Blatt	....	....	....	....

Welche Erkenntnis ziehen Sie aus den Zahlen?

....

....

....

....

Ernte

Die Nutzung der Erntegüter bestimmt das Ernteverfahren:

	Erntezeitpunkt: Trockenmasse in %	Gerät	Lagerung	Nutzung
Silomais	....	....	....	....
	....	....	....	....
	....	....	....	....
LKS	....	....	....	....
	....	....	....	....
	....	....	....	....
CCM	....	....	....	....
	....	....	....	....
	....	....	....	....
Körnermais	....	....	....	....
	....	....	....	....
	....	....	....	....

7 Rapsanbau

Entwicklungsstadien im Raps

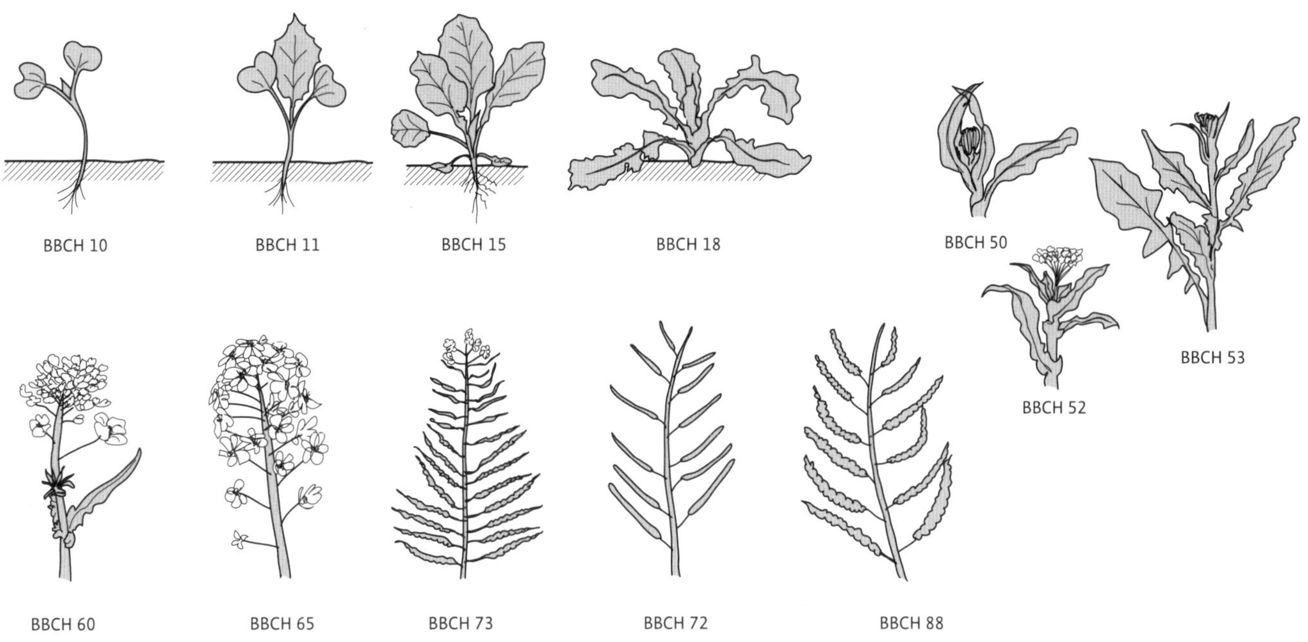

Der Anbau von Raps zur Körnergewinnung hat stark zugenommen. Geben Sie die Ursachen an:

....

....

Beschreiben Sie den Vorfruchtwert des Rapses:

....

....

....

Welche Stellung sollte Raps in der Fruchtfolge haben?

....

....

Nennen Sie die Verwertungsmöglichkeiten von Körnerraps.

....

....

Beschreiben Sie die EC-Stadien (Bild Seite 89).

Code	EC-Stadium	Beschreibung
0 Keimung	0–9	....
1 Blattentwicklung	10	....
	11	....
	13	....
	14–19	....
3 Schossen	30	....
	31	....
	32	....
	33	....
	39	....
5 Entwicklung der Blütenanlagen	51	....
	53	....
	59	....
6 Blüte	60	....
	61	....
	65	....
	69	....
7 Fruchtbildung	71	....
	75	....
	79	....
8 Reife	80	....
	81	....
	83–85	....
	89	....
9 Absterben	97	....
	99	....

Sorten

Raps enthält zwei Inhaltsstoffe, die nicht erwünscht sind. Nennen Sie diese und geben Sie an, welche Nachteile sie haben.

....

....

....

Erklären Sie die Sortenangabe „0“ und „00“.

....

....

Welche Folgerungen ergeben sich daraus für den Anbau?

....

....

Nennen Sie Sorten, die in Ihrem Betrieb angebaut werden:

....

....

....

Düngung

Raps entzieht dem Boden wesentlich mehr Nährstoffe als Getreide.

Wie hoch ist der Gesamtstickstoffbedarf für Winterraps bei einem Ertrag von 40 dt/ha und welche Möglichkeit der Gabenteilung besteht?

....

....

Berechnen Sie die Nährstoffmenge bei einem Ertrag von 35 dt/ha, Versorgungsstufe C; geben Sie die Düngeform und den Zeitpunkt der Ausbringung der Düngemittel an.

a) Grunddüngung

Nährstoffmenge		Düngerform	Zeitpunkt
....	kg/ha P_2O_5	....	....
....	kg/ha K_2O	....	....
....	kg MgO	....	....

b) N-Düngung 160 kg/ha N verteilt in 3 Gaben

	Düngerart	Zeitpunkt
....	....	....
....	....	....
....	....	....

Welche Möglichkeiten des Einsatzes von wirtschafteigenen Düngern gibt es?

....

....

Bor und Schwefel haben für die Entwicklung des Rapses eine große Bedeutung. Erklären Sie:

....

....

Berichten Sie über den Einsatz der Spurenelemente:

....

....

....

Saat

Häufig steht Raps nach Getreide. Welche Bodenbearbeitungsmaßnahmen sind erforderlich?

....

....

Welche Ansprüche stellt der Raps an das Saatbett? Begründen Sie Ihre Aussage.

....

....

Geben Sie die Saatmenge und den Reihenabstand an. Wie hoch ist die Zielbestandsdichte?

Saatmenge: .... Reihenabstand: ....

Zielbestandsdichte: ....

Die Saatmenge variiert stark. Wovon hängt die Saatmenge ab?

....

....

Der Saattermin ist für die Entwicklung der Pflanzen vor dem Winter sehr wichtig.

Zu früh bedeutet: ....

Zu spät: ....

Der Saattermin bestimmt die Blattzahl und damit auch die Triebzahl vor dem Winter. Ergänzen Sie die Tabelle:

Saattermin	Zeit	Zahl der Blätter
....	....	....
....	....	....
....	....	....
....	....	....

Bestimmen Sie die Saatzeit:

....

....

....

....

....

....

....

....

Der Ertrag richtet sich nach der Zahl Pflanzen/m² und der Zahl der Triebe je Pflanze.

Bestimmen Sie den Ertrag nach der Formel $\frac{\text{Triebe x Pflanzen/m}^2}{10}$ $\frac{\text{..........}}{\text{..........}}$ ....

Krankheiten

Nennen Sie die wichtigsten Krankheiten bei Raps. Beschreiben Sie die Schadbilder und die Bekämpfungsmöglichkeiten.

Krankheiten	Schadbild	Bekämpfung
....	....	....
....	....	....
....	....	....
....	....	....
....	....	....
....	....	....
....	....	....
....	....	....

Schädlinge

Nennen Sie die Hauptschädlinge des Rapses und ihre Schwellenwerte.

Schädling	Schadbild	Kontrolltermin	Bekämpfungs-schwellenwert	Art der Kontrolle
Großer Raps-stängelrüssler	....	....	....	....
	....	....	....	....
	....	....	....	....
	....	....	....	....
Gefleckter Kohltriebrüssler	....	....	....	....
	....	....	....	....
Kohlschoten-rüssler	....	....	....	....
	....	....	....	....
Kohlschoten-mücke	....	....	....	....
	....	....	....	....

Welche Insektizide können gegen die Schädlinge im Rapsanbau eingesetzt werden?

Präparat	Auflagen											
	Gewässer						Zulassung gegen					Max Anwendung im Jahr
	NT	–	50 %	75 %	90 %	Bienen	....	....	....	....	....	
Biscaya	....	....	....	....	....	....	....	....	....	....	....	2
Trebon 30 EC	....	....	....	....	....	....	....	....	....	....	....	2
AVAUNT	....	....	....	....	....	....	....	....	....	....	....	1

Bei der Wahl der Bekämpfung der Rapsschädlinge sollte besonders die Resistenzproblematik der Rapsglanzkäfer gegen die Wirkstoffgruppe Pyrethroid beachtet werden.

Exkurs: Resistenzbildung

Fungizide: Systemisch wirkende Fungizide haben eine sehr spezifische Wirkungsweise und greifen den Pilz, im Gegensatz zu Kontaktherbiziden, nur an einem Wirkort an. Somit kann der Schadpilz sich schon durch eine einzige Änderung im Erbgut an ein Fungizid anpassen.

Insektizide: Die Resistenzbildung gegen Insektizide funktioniert nach dem gleichen Prinzip. Durch Zufallsmutation tritt in einer Population plötzlich ein Gen auf, welches für die Resistenzbildung verantwortlich ist. Dieses setzt sich immer mehr durch. Existieren von Anfang resistente Individuen, so breitet sich die Resistenz noch schneller aus. Pyrethroide sind Nervengifte. Ursprünglich wurden sie aus getrockneten Blüten der Gattung Pyrethrum (heute: Chrysanthmum, Wucherblume) gewonnen. Da sie jedoch instabil und empfindlich gegenüber Licht und Sauerstoff sind, wurden sie durch synthetische Pyrethroide ersetzt. Häufig werden sie mit Substanzen kombiniert, die den Entgiftungsprozess der Insekten hemmen. Der Resistenz liegen verschiedene Mechanismen zugrunde. Letztlich bewirkt sie jedoch, dass das Insektizid den erforderlichen Wirkort nicht erreicht, da es vorher abgebaut wird.

Kreuzresistenz: Entwicklung von Resistenzen gegenüber verwandten Insektiziden mit gleicher Wirkungsweise. Vermutlich liegen den Chemikalien gemeinsame Entgiftungsmechanismen zugrunde.

Multiple Resistenz: Resistenz gegenüber mehreren, chemisch unterschiedlichen Insektiziden mit unterschiedlicher Wirkungsweise.

Welche Möglichkeiten gibt es, der Gefahr der Resistenzbildung vorzubeugen?

....

Unkrautbekämpfung

Ein kräftiger Rapsbestand hat gegenüber den Unkräutern eine hohe Konkurrenzkraft, deshalb ist aus ökologischen und ökonomischen Gründen die Bekämpfung auf das Notwendigste zu reduzieren.

Berichten Sie über den Einsatz chemischer Mittel:

VSE – Mittel sind nur bei zu erwartender starker Verunkrautung einzusetzen.

NA – Mittel nur, wenn der Schadschwellenwert wesentlich überschritten wird.

Mittelgruppe	Anwendungszeit	Unkräuter	Mittel
VSE – Vorsaatmittel	....	....	....
	....	....	....
	....	....	....
VA – Vorauflaufmittel	....	....	....
	....	....	....
	....	....	....
NA – Nachauflaufmittel	....	....	....
	....	....	....
	....	....	....

Tragen Sie den Zeitraum für die Düngegabe und den Mitteleinsatz für Insektizide, Herbizide und Fungizide ein.

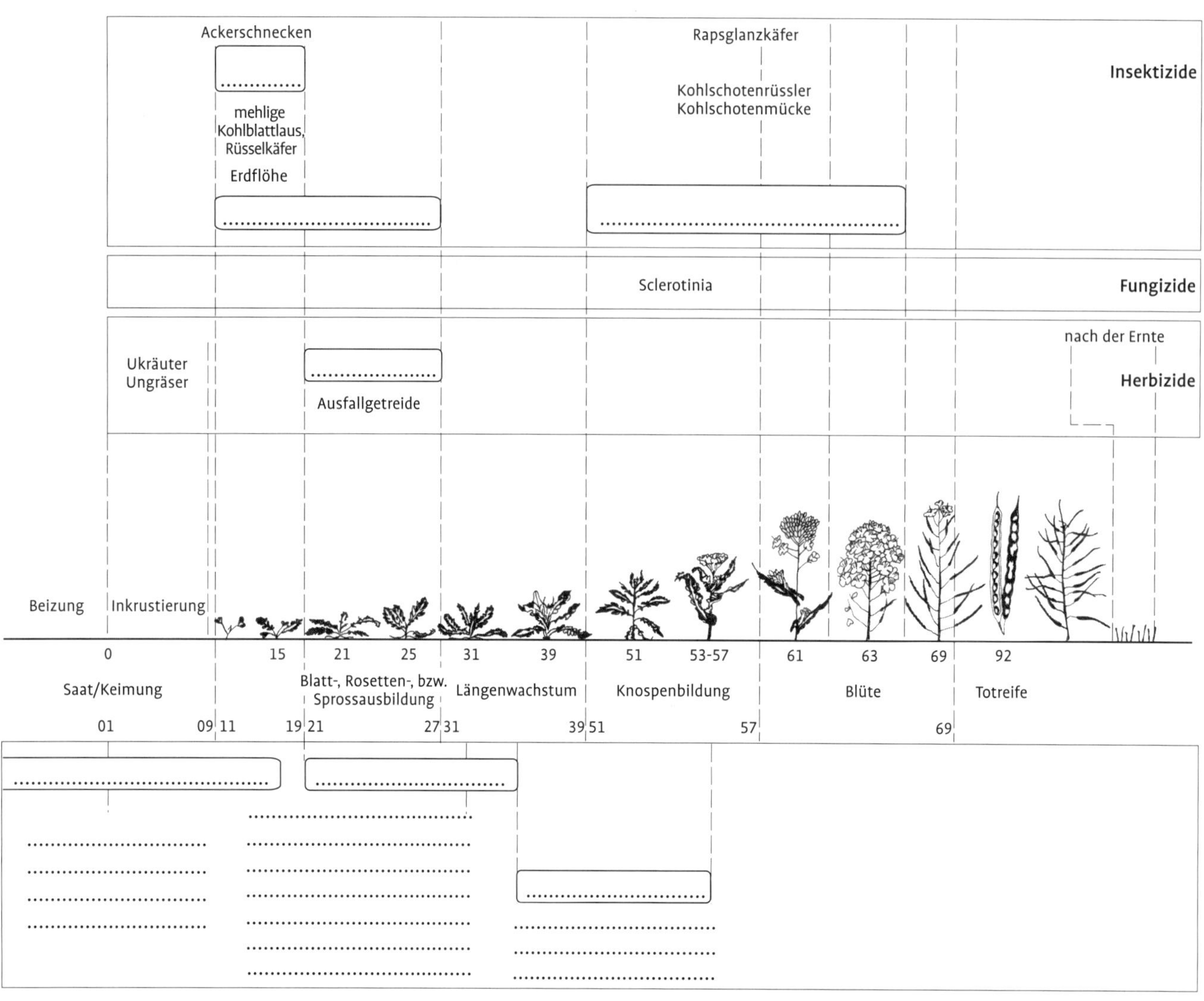

Ernte

Geben Sie den Erntezeitpunkt an für:

a) Direktdrusch ....

b) Schwaddrusch: ....

Unter welchen Bedingungen ist Schwaddrusch vorteilhaft?

....

Welche Einstellungen sind beim Mähdrusch von Raps zu beachten?

....

....

Welches sind die Anforderungen an Standardqualität?

.... % Öl .... % Wasser .... % Fremdbesatz

8 Kartoffelanbau

Die Kartoffel wurde 1570 nach Europa eingeführt. Sie stammt aus den Hochtälern der Anden und wurde dort schon vor über 4000 Jahren kultiviert.

Benennen Sie die Teile der **Kartoffelpflanze**

....

....

....

....

....

....

....

Die Knolle ist keine Frucht sondern:

....

Die vegetative Vermehrung erfolgt über die

....

Die generative Vermehrung über die

....

Ansprüche an

Klima: ....

....

Boden: ....

....

....

....

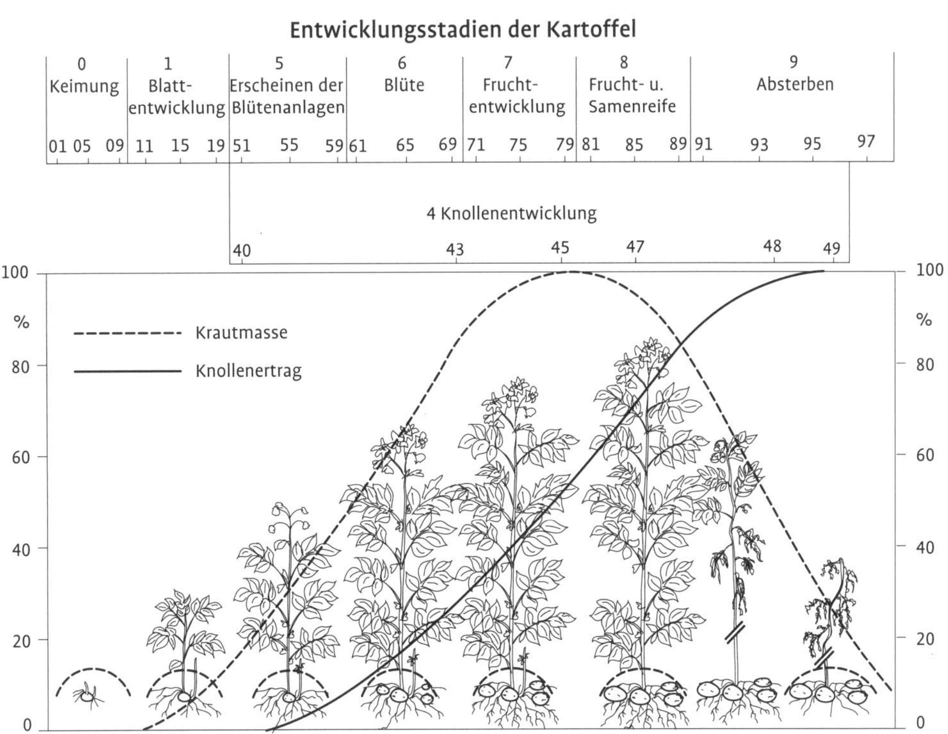

Beschreiben Sie die Entwicklungsstadien (Bild Seite 97)

Code	EC-Stadium	Beschreibung
0 Keimung	0–9	....
1 Blattentwicklung	10	....
	11	....
	12	....
	13–19	....
2 Seitensprossbildung	21	....
	22	....
	23–29	....
3 Längenwachstum Hauptspross	31	....
	33	....
	39	....
4 Knollenentwicklung	40	....
	45	....
	48	....
	49	....
5 Blütenanlagen	51	....
	59	....
6 Blüte	61	....
	69	....
7 Fruchtbildung	70–71	....
	79	....
8 Reife	81–89	....
9 Absterben	91	....
	95–97	....

Exkurs: Metamorphosen

Metamorphosen sind ....

Es gibt verschiedene Arten von Metamorphosen, wie z. B. Spross- und Wurzelmetamorphosen.

Das Sprosssystem besteht aus Sprossachse (Stängel) und Blättern. In einem Stängel wechseln sich Knoten, an denen die Blätter ansetzen, mit Internodien zwischen den Knoten ab. In den Achseln, die Blatt und Stängel bilden, befinden sich Achselknospen. Unterirdisch wachsende Sprossachsen werden Rhizome genannt.

Kartoffeln sind Sprossknollen. Sie sind auf Nährstoffspeicherung spezialisierte angeschwollene Rhizomenden. Die auf der Knolle spiralförmig angeordneten Augen sind Achselknospen.

Zwiebeln sind ebenfalls aus Sprossmetamorphosen hervorgegangen. Der Spross ist stark verkürzt. Schneidet man die Zwiebel längs auf, so sind die vielen Lagen modifizierte Blätter.

Die **Zuckerrübe** ist eine verdickte Hauptwurzel.

Sortenwahl

Die Sortenwahl richtet sich nach dem Verwendungszweck.

Nennen Sie 5 Verwendungsarten und geben Sie die jeweilige Anforderung an:

1. ....

....

2. ....
3. ....
4. ....
5. ....

Die Speisekartoffeln werden unterschieden in:

....

Neben den Marktanforderungen sind auch pflanzenbauliche Sorteneigenschaften zu beachten. Nennen Sie einige:

....

Nach ihrer Vegetationsdauer werden sie in folgende Reifegruppen unterschieden:

Sorten	Reifezeit	Ertrag/ha (dt)	Stärkegehalt (in %)	Sorten
1. sehr frühe	....	....	....	....
2. frühe	....	....	....	....
3. mittelfrüh	....	....	....	....
4. mittelspäte	....	....	....	....

Der Zielstärkegehalt der Kartoffel .... von festkochenden Speisekartoffeln zu den mehligkochenden Speisesorten. Festkochende Speisesorten: .... % Stärke, mehligkochende Speisesorten: .... % Stärke

Pflanzung

Warum ist Pflanzgutwechsel im Kartoffelbau besonders wichtig?

....

Welche Voraussetzungen fördern einen schnellen Auflauf?

....

Wie sollte das Pflanzgut vor dem Ausbringen behandelt werden?

1. ....
2. ....
3. ....

Welche Vorteile bringt das Vorkeimen der Kartoffeln?

....

....

Was ist beim Legen zu beachten?

a) lockerer Untergrund b) flach legen c) flach bedecken

Bearbeitungstiefe .... Legetiefe .... Bedeckung ....

Reihenabstand .... Pflanzabstand ...., das ergibt .... bis ....

Pflanzstellen je ha Saatgutmenge, bei einem Knollengewicht von 60 g = ... dt

Bei Pflanzkartoffelvermehrung ist der Abstand geringer: .... ,

das ergibt je ha .... bis .... Pflanzstellen.

Warum sollen Schlepper mit Pflegebereifung ausgestattet sein?

....

Welche Nachteile bringt eine zu tiefe Ablage?

....

....

Düngung

Kartoffeln brauchen einen lockeren und garen Boden. Düngung kann die Bodengare verbessern:

....

....

Berichten Sie über die Nährstoffversorgung und Düngung:

N	....	....
	....	....
	....	....
P_2O_5	....	....
	....	....
K_2O	....	....
	....	....
MgO	....	....
	....	....
CaO	....	....

Berichten Sie über die Besonderheiten bei der Kalkdüngung zu Kartoffeln:

....

....

Welche Bedeutung hat Kalium im Kartoffelanbau?

....

....

....

....

Bei steigender Kalidüngung nehmen der Kali- und der Wassergehalt in der Knolle zu. Knollen mit hohem Wassergehalt und hohem Zelldruck sind weniger empfindlich gegen .... und ....

Zudem ist die Kartoffel chloridempfindlich. Im Frühjahr ausgebrachte chloridhaltige Kalidünger senken den Stärkegehalt.

Die äußere und innere Qualität der Kartoffel hängt im Wesentlichen an der Stickstoffdüngung.
Welchen Schaden verursacht eine zu hohe N-Düngung?

....

....

....

Erklären Sie die Düngung anhand der Abbildung sowie den Einfluss auf die Knollenqualität.

....

....

....

....

....

....

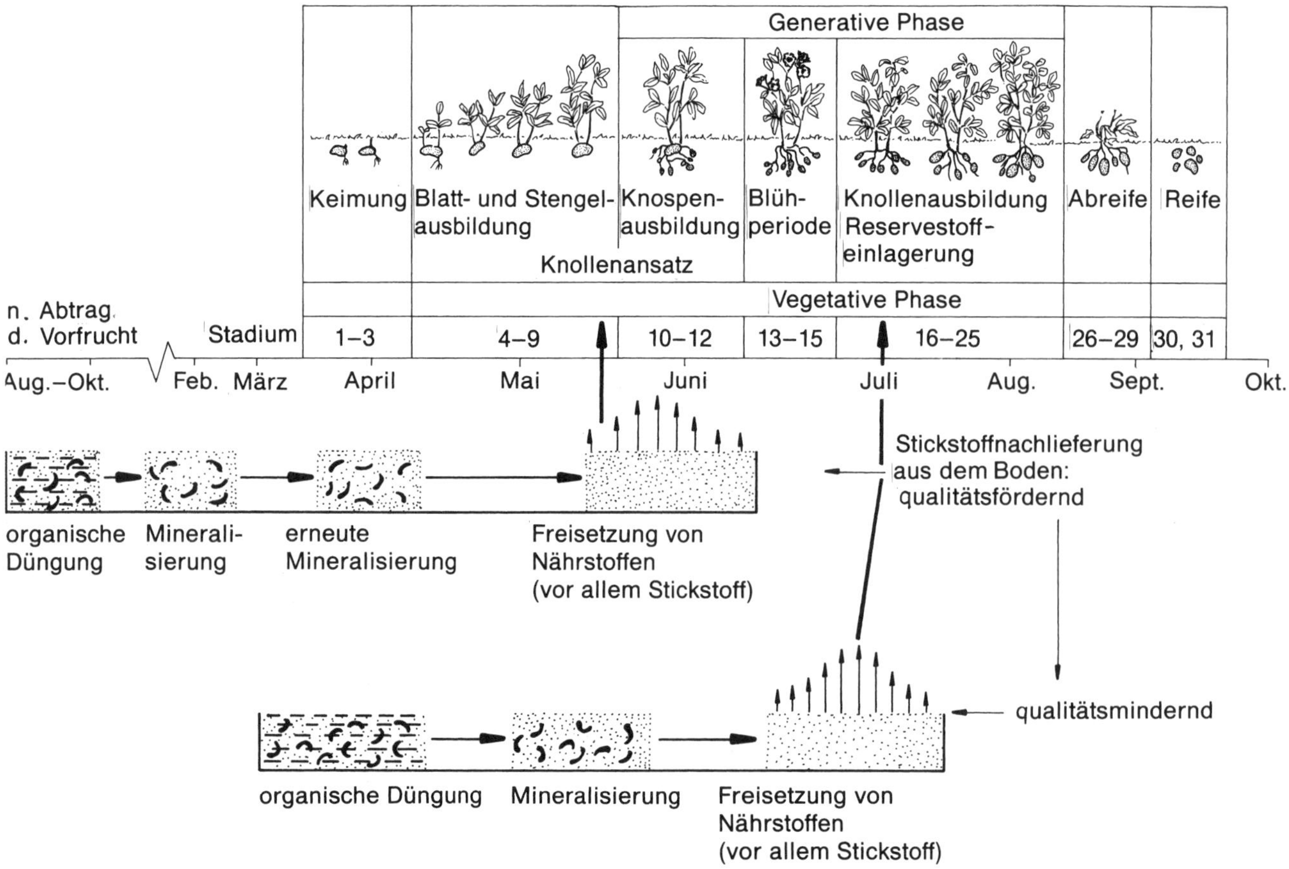

Generative Phase
Keimung
Blatt- und Stengelausbildung
Knospenausbildung
Blühperiode
Knollenausbildung Reservestoffeinlagerung
Abreife
Reife
Knollenansatz
Vegetative Phase
n. Abtrag d. Vorfrucht
Stadium
1–3
4–9
10–12
13–15
16–25
26–29
30, 31
Aug.–Okt.
Feb.
März
April
Mai
Juni
Juli
Aug.
Sept.
Okt.
organische Düngung
Mineralisierung
erneute Mineralisierung
Freisetzung von Nährstoffen (vor allem Stickstoff)
Stickstoffnachlieferung aus dem Boden: qualitätsfördernd
qualitätsmindernd
organische Düngung
Mineralisierung
Freisetzung von Nährstoffen (vor allem Stickstoff)

Pilzkrankheiten

.... und .... zählen zu den Quarantänekrankheiten.

Jeder Kartoffelbauer ist verpflichtet, das Auftreten von Verdachtsfällen der zuständigen Behörde zu melden.

Exkurs: Pilzkrankheiten

Bezeichnen Sie die Entwicklungsstadien einer Pilzkrankheit und berichten Sie über die Ausbreitung:

....

....

....

....

....

Nennen Sie Krankheiten, die an der Wurzel auftreten. Beschreiben Sie die Symptome und Bekämpfungsmöglichkeiten.

Krankheit / Erreger	Schadbild	Bekämpfung
....	....	....
....	....	....
....	....	....
....	....	....
....	....	....
....	....	....
....	....	....
....	....	....
....	....	....
....	....	....

Welches sind die Hauptkrankheiten

a) an der Knolle?

Krankheit / Erreger	Schadbild	Bekämpfung

b) an den Blättern?

Krankheit / Erreger 	Schadbild	Bekämpfung

Viruskrankheiten

Zählen Sie Viruskrankheiten auf und beschreiben Sie diese:

Krankheit / Erreger	Schadbild	Bekämpfung
....	....	....
	....	....
....	....	....
....	....	....
....	....	....
....	....	....
	....	....

Die Kraut- und Knollenfäule zählt als die am Weitesten verbreitete Pilzkrankheit an Kartoffeln. Beschreiben Sie den Lebenszyklus anhand der Abbildung.

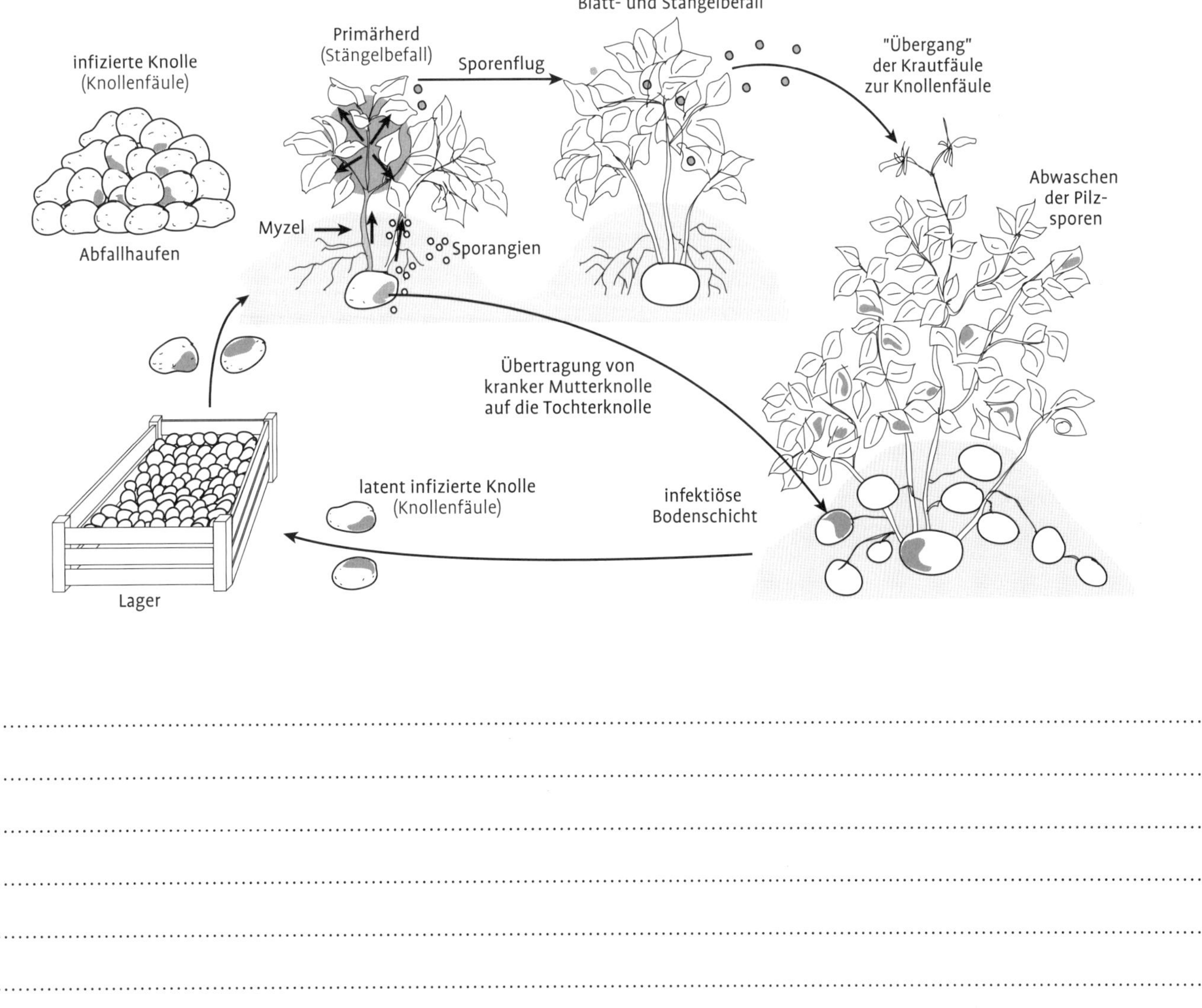

....

....

....

....

....

....

....

Schädlinge

Nennen Sie die Hauptschädlinge der Kartoffel. Beschreiben Sie das Schadbild sowie Bekämpfungsmöglichkeiten.

Krankheit / Erreger	Schadbild	Bekämpfung
....	....	....
....	....	....
....	....	....
....	....	....
....	....	....
....	....	....
....	....	....
....	....	....
....	....	....
....	....	....
	....	....
	....	....
	....	....
	....	....
	....	....
....	....	....
....	....	....
....	....	....
....	....	....
....	....	....
....	....	....
....	....	....

Nennen Sie Mangelkrankheiten bei Kartoffeln und beschreiben Sie die Erkennungsmerkmale.

Mangelkrankheit	Erkennungsmerkmale
....	....
....	....
....	....

Unkrautbekämpfung

Tragen Sie die Wachstumsstadien der Kartoffel ein und zeichnen Sie mit einer Linie die Anwendungszeiten der jeweiligen Maßnahme ein.

....

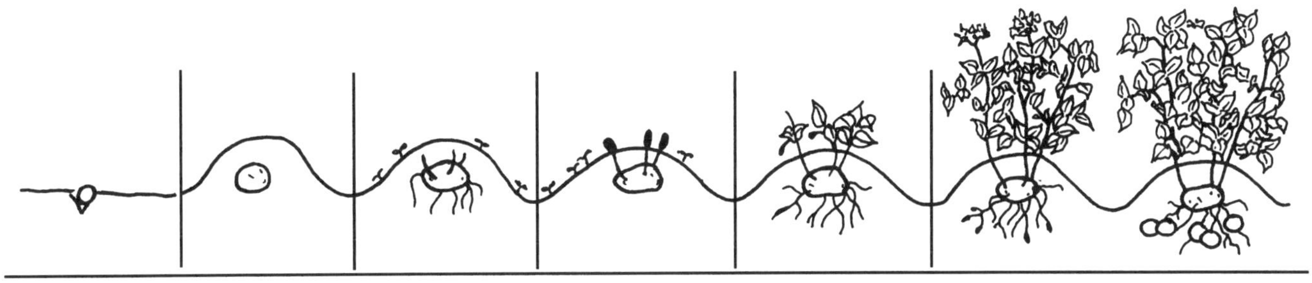

Häufeln und Striegeln

Bodenherbizide

Kontaktherbizide

Ernte

Der Erntezeitpunkt für Kartoffeln ist an folgenden Merkmalen zu erkennen:

a) ....

b) ....

c) ....

Es gibt Ausnahmen: Warum erfolgt die Ernte zu einem früheren Zeitpunkt?

1. Pflanzkartoffeln: ....

2. Frühkartoffeln: ....

Die Krautregulierung dient neben der Ernteerleichterung auch dem Qualitätserhalt der Knolle.
Welche Möglichkeiten gibt es?

....

....

Acker- und pflanzenbauliche Maßnahmen ermöglichen eine störungsfreie Arbeit der Erntemaschinen.
Beschreiben Sie diese.

....

....

....

Kartoffelknollen sind empfindlich gegen Verletzungen. Wie können sie vermieden werden?

....

....

Beschreiben Sie die Aufbereitung der Speisekartoffeln zum Verkauf.

....

....

Lagerung

Warum müssen Erzeuger Kartoffeln lagern?

....

Bei der Lagerung entstehen Verluste. Welche Verluste sind das und wie können sie vermindert werden?

....

....

....

....

Kartoffeln verlangen eine Lagertemperatur von 3–5 °C.

Beschreiben Sie die Vorgänge in der Knolle, wenn die Temperatur a) höher b) tiefer ist:

a) ....

b) ....

Bei der Einlagerung kommt der Temperaturführung eine besondere Bedeutung zu. Bei gesunden Partien läuft sie in vier verschiedenen Phasen ab. Beschreiben Sie die Phasen.

1. ....

....

2. ....

....

3. ....

....

4. ....

....

....

Welche Anforderungen müssen die Lagerräume erfüllen?

....

Wie werden Kartoffeln vermarktet?

....

....

....

9 Zuckerrübenanbau

Welche Ansprüche hat die Zuckerrübe an

a) an den Boden ....

b) an das Klima ....

Geeignete Vorfruüchte sind ....

Hingegen nicht als Vorfrucht geeignet sind .... Da sie .... ist, sollte sie

.... angebaut werden.

Sortenwahl

In der Regel gibt die Zuckerfabrik eine Sortenwahl vor und liefert das Saatgut. Die Sorten bringen auf regionaler Ebene unterschiedliche Rüben- und Zuckererträge.

Welche Forderungen stellt man an die Sorte?

....

....

Man unterscheidet zwischen Standard- und Rizomania-toleranten Sorten. Erklären Sie den Unterschied.

....

....

Zählen Sie Sorten auf, die in Ihrem Betrieb oder Ihrer Region angebaut werden und unterstreichen Sie Rizomania-tolerante Sorten.

....

Saatgut

Ursprünglich hat die Rübe einen Samenknäuel mit 2–4 Keimanlagen. Heute verwendet man genetisch-einkeimig pilliertes Monogermsaatgut.

Warum hat man die Rüben auf einkeimiges Saatgut gezüchtet?

....

....

Aufbau der Rübenpille

Farb- und Schutzschicht
Lamellenschichten mit Insektizid und Fungizid
Samen
Fungizid-Innenschicht
Perikarp

Nennen Sie die Vorteile pillierten Saatgutes.

....

....

....

....

....

Beschreiben und erläutern Sie die Ansprüche der Zuckerrübe an das **Saatbett.**

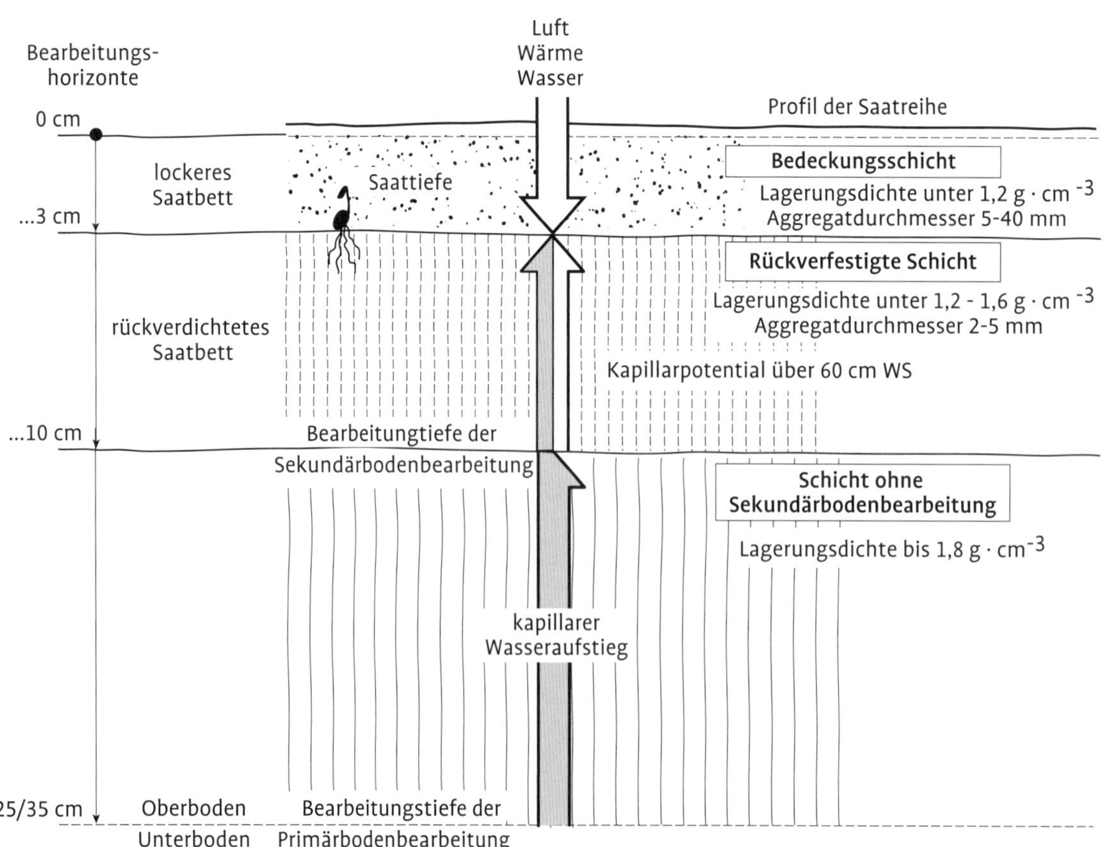

normaler Rübenkörper

beinige Rübe

Reihenweite, Kornabstand und Feldaufgang bestimmen den Saatgutbedarf und die Bestandesdichte. Angestrebt werden zur Ernte bei Zuckerrüben mindestens 85 000 bis 90 000 Pflanzen/ha.

Düngung

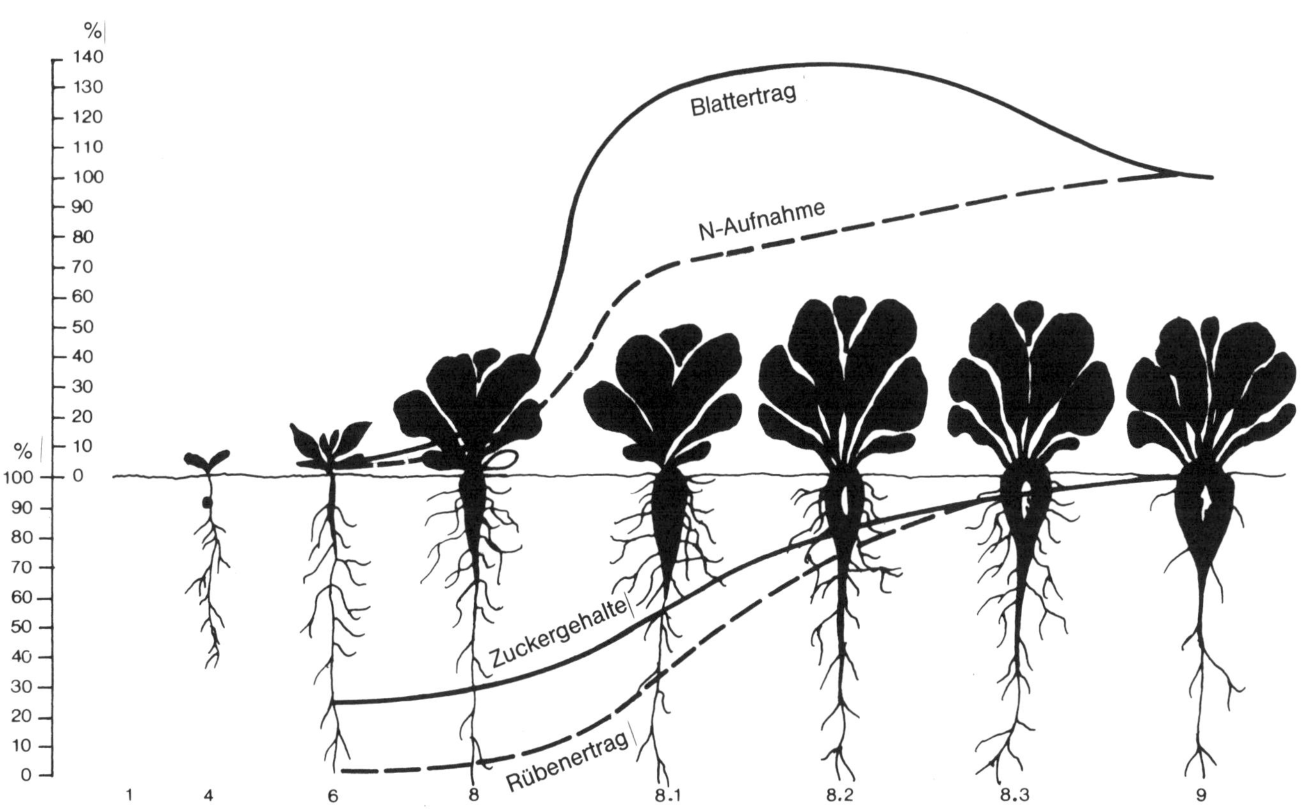

1 = Saat
4 = Keimblattstadium
6 = zweites Lautblattpaar erbensgroß
8 = Reihenschluss (Mitte Juni)
8.1 = Beginn starken Wurzelwachstums
8.2 = max. Blattwachstum
8.3 = Rückbildung der Blätter
9 = Ernte

Die Düngung richtet sich nach dem Entzug der Pflanzen, der Versorgungsstufe und der Verwendung an organischen Düngemitteln. Berechnen Sie den Bedarf an Mineraldüngern bei einem Ertrag von 550 dt/ha, Versorgungsstufe C und einem N_{min} von 40 bei einem Einsatz von 30 m^3 Rindergülle.

Wichtig für eine gesunde Entwicklung der Rübe ist Bor. Erklären Sie die Bedeutung von Bor.

Wie kann man Bormangel verhindern?

Krankheiten

Geben die das Krankheitsbild, die Schadschwelle und die Bekämpfung der wichtigsten Rübenkrankheiten an:

Krankheit	Krankheitsbild	Schadschwelle	Bekämpfung

Nennen Sie Mangelkrankheiten bei Rüben und beschreiben Sie die Erkennungsmerkmale.

Schädlinge

Nennen Sie die Rübenschädlinge. Beschreiben Sie das Schadbild und Möglichkeiten der Bekämpfung.

Schädling	Schadbild	Bekämpfung

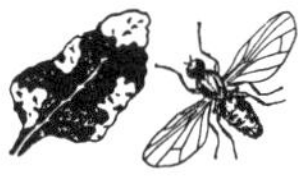

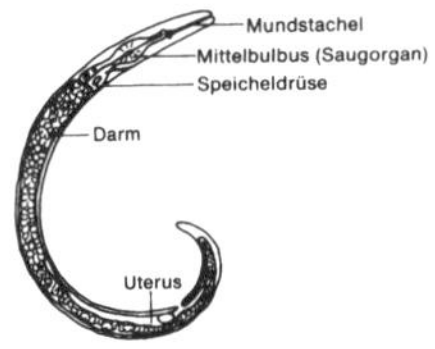

Pflege und Unkrautbekämpfung

Beim Rübenanbau wird auf Handarbeit verzichtet. Die Rübenpflege ist voll mechanisierbar.

Fassen Sie die Möglichkeiten zusammen.

Welche Vorteile hat die Maschinenhacke gegenüber der chemischen Unkrautbekämpfung?

Die beste Unkrautbekämpfung erfolgt vor der Saat. Berichten Sie.

Zählen Sie die Einsatzmöglichkeiten bei der chemischen Unkrautbekämpfung auf. Geben Sie die Mittel an.

Einsatzzeit	Mittel
Vor der Saat	....
Vor dem Auflaufen	....
Nach dem Auflaufen	....

Was ist bei der Anwendung von chemischen Mitteln zu beachten?

....

....

....

....

Bezeichnen Sie die Spritzverfahren

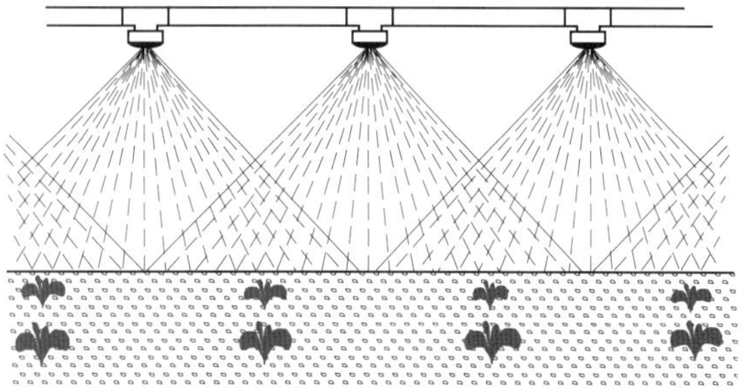

....

....

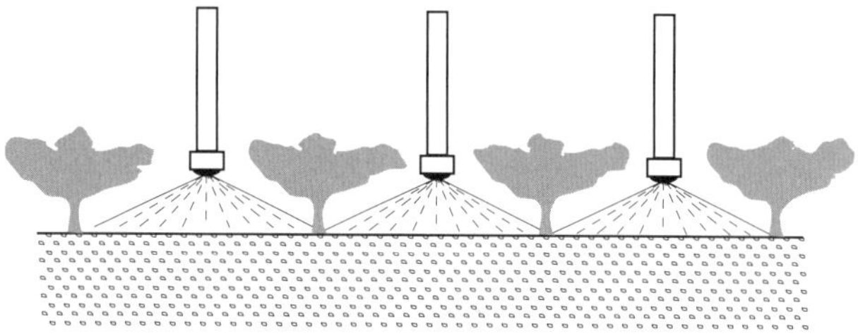

....

....

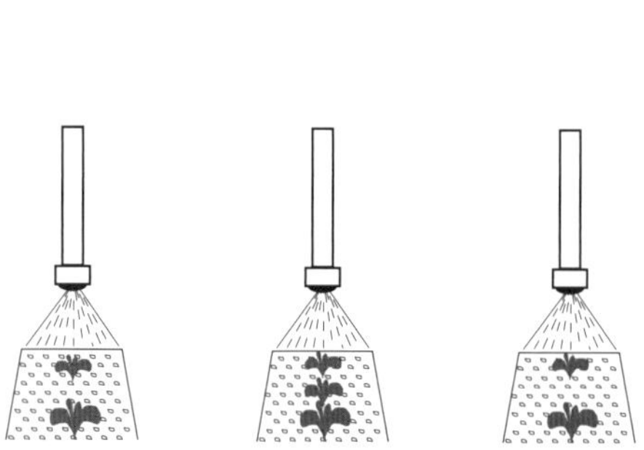

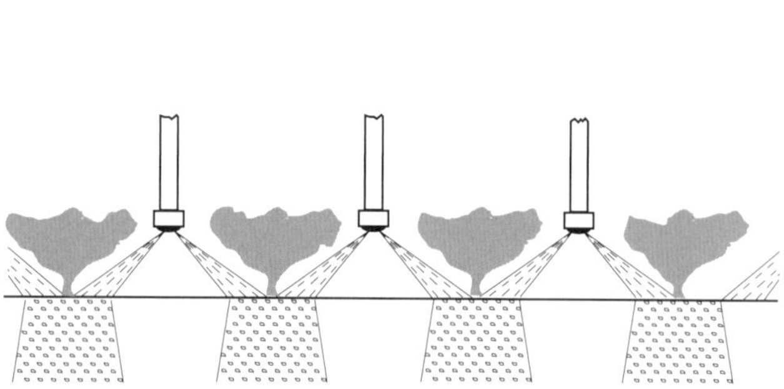

Tragen Sie die Wachstumsstadien und die Pflegemaßnahmen ein.

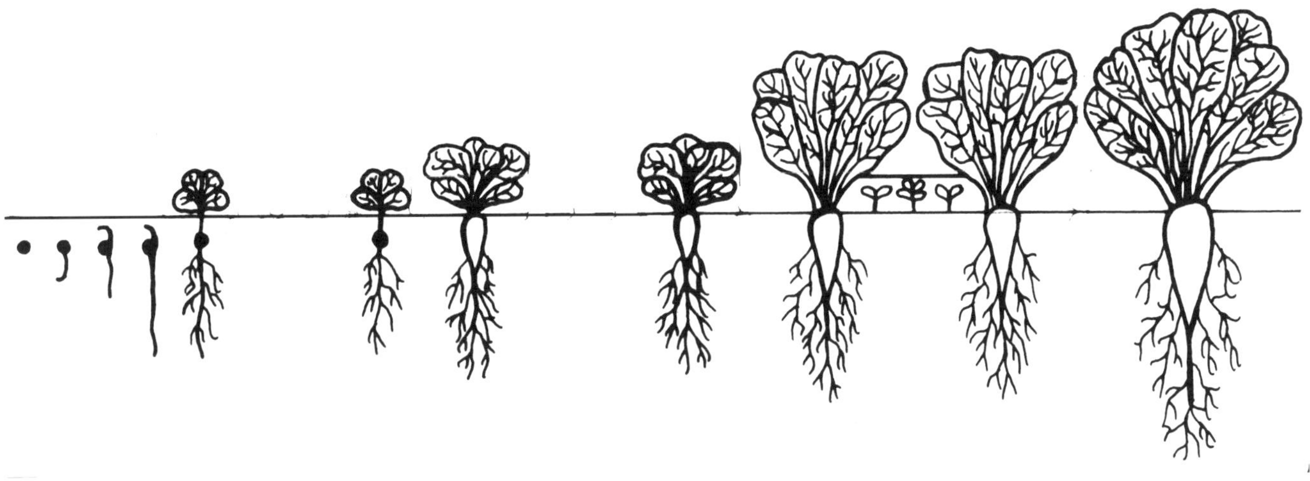

Ernte

Was ist die günstigste Zeit für die Zuckerrübenernte?

....

....

....

Die Zuckerfabrik beginnt mit der Verarbeitung bereits im September. Welche Vergünstigungen erhält der Anlieferer zu dieser Zeit?

....

....

Welche Bedeutung hat die Witterung bei der Ernte?

....

....

Die Bezahlung erfolgt nach Qualität. Welche Qualitätskriterien spielen dabei eine Rolle?

....

....

....

Wie wird der bereinigte Zuckergehalt errechnet?

....

....

Die Ausbeuteverluste erhöhen sich durch schlechte Köpfarbeit.
Wo muss der Köpfschnitt liegen?

....

....

....

....

....

....

Die Fahrgeschwindigkeit hat Einfluss auf die Arbeitsqualität. Erklären Sie den Zusammenhang.

....

....

Welche Ernteverfahren gibt es?

1. ....

2. ....

Nennen Sie die Vorteile der sofortigen Ablieferung.

....

....

Bei der Ablieferung in der Zuckerfabrik werden verschiedene Qualitätskontrollen durchgeführt. Welche sind das?

....

....

Wie kann man diesen Ansprüchen genügen?

....

....

Futterrüben

Die Anbautechnik der Futterrüben erfolgt wie bei den Zuckerrüben. Lediglich in der N-Düngung gibt es Unterschiede. Worin liegen diese?

....

....

Berichten Sie über die Ernteverfahren.

....

....

....

Wie werden Futterrüben gelagert?

....

....

....

....

10 Fruchtfolge

Eine ausgeglichene Fruchtfolgeplanung ist Grundlage, um erfolgreichen Ackerbau langfristig zu gewährleisten.

Ziel der Fruchtfolge ist somit, ...

....

Nennen Sie die Folgen einseitigen Fruchtanbaus.

....

....

Entscheidend bei der Planung ist die Berücksichtigung des Vorfruchtwertes. Erklären sie diesen Begriff.

....

....

Beschreiben Sie den positiven und den negativen Einfluss der folgenden Kulturen als Vorfrucht.

Frucht	Vorteile	Nachteile
Getreidearten	....	....
einschließlich Mais	....	....
	....	....
	....	....
	....	....
	....	....
Hackfrüchte	....	....
(Kartoffeln, Rüben)	....	....
	....	....
	....	....
Raps und andere	....	....
Hülsenfrüchte	....	....
	....	....
	....	....
	....	....
Kleegras, Klee,	....	....
Luzerne, Gras	....	....
Grassamen	....	....

Nicht alle Kulturen sind selbstverträglich. Ergänzen Sie:

Selbstverträglich: ....

geringe Selbstverträglichkeit: ....

selbstunverträglich ....

Nennen Sie Krankheiten, deren Auftreten durch den Anbau von Weizen nach Weizen gefördert wird.

....

Im Kartoffelanbau besteht bei zu kurzen Anbaupausen die Gefahr von .... Dabei handelt es sich um eine meldepflichtige Krankheit, da sie bis zu 30 Jahre im Boden lebensfähig bleibt.

Fruchtfolgeschädlinge tauchen vor allem bei Hackfrüchten auf. Nennen Sie die wichtigsten.

....

Beschreiben Sie die Stellung folgender Früchte in der Fruchtfolge.

WG ....

....

WW ....

....

Mais ....

....

Raps ....

....

Verschiedene Getreidearten sind empfindlich gegen Fußkrankheiten.
Ordnen Sie die vier Getreidearten nach ihrer Empfindlichkeit ein und nennen Sie möglich Vorfrüchte.

Getreideart	Vorfrüchte
....	....
....	....
....	....
....	....

11 Feldfutterbau und Zwischenfruchtbau

Im Feldfutterbau unterschieden wir zwischen mehrjährigen und einjährigen Futterpflanzen sowie Pflanzen zum Zwischenfruchtanbau.

Welche Ansprüche haben sie an

Luzerne

den Boden

....

....

das Klima

....

Vorfrucht

....

....

Rotklee

den Boden

....

....

das Klima

....

Vorfrucht

....

....

Tragen Sie Nährstoffmenge und Zeitpunkt der Düngung ein

N ....

P_2O_5 ....

K_2O ....

CaO ....

Warum genügt bei Kleearten eine geringe N-Startdüngung?

....

....

Saatgut/ Saat

Erkennungsmerkmale

Luzerne .... Rotklee ....

Was ist beim Einkauf von Saatgut zu beachten?

....

....

....

Saatmenge bei Luzerne (Reinsaat) 20–30 kg/ha bei Rotklee (Reinsaat) 18–22 kg/ha

....

....

....

....

Die Aussaat kann mit oder ohne Deckfrucht erfolgen. Was bewirkt die Deckfrucht?

....

....

....

Kleearten

Nennen Sie Kleearten und geben Sie deren Ansprüche an Boden und Klima an:

a) ....

....

....

....

b) ....

....

....

....

Mögliche Grasbeimischungen:

Welche Vorteile haben Kleegrasgemische gegenüber Reinsaaten?

....

....

Geben Sie zwei Beispiele von Grasgemengen an, Saatmengen in kg/ha:

a) ....

....

....

b) ....

....

....

Nennen Sie Gräser, die in Reinsaat angebaut werden und geben Sie die Saatmange in kg/ha an:

....

....

....

Berichten Sie über die Düngung von Futtergräsern:

....

....

....

Zwischenfrüchte

Welche Bedeutung haben Zwischenfrüchte?

....

....

....

Man unterscheidet zwischen Sommer- und Winterfrüchten. Ergänzen Sie die Tabelle.

Pflanzenart/Sorte	Saatzeit	Saatmenge in kg/ha
a)	....	....
....	....	....
....	....	....
b)	....	....

Der Anbau von Zwischenfrüchten bedeutet zusätzlichen Nährstoffentzug. Berichten Sie über die Düngung:

....

....

....

12 Dauergrünland

Nennen Sie die Ziele der Grünlandwirtschaft.

....

....

....

....

Welche Formen der Grünlandnutzung gibt es?

....

Der Ertrag des Grünlands ist nach Menge und Güte von der Zusammensetzung des **Pflanzenbestandes** abhängig. Zählen Sie die wichtigen Pflanzengruppen auf und nennen Sie den gewünschten Anteil:

Wiese: ....

Weide: ....

Die **Zusammensetzung** des Pflanzenbestands auf dem Grünland kann durch gezielte Maßnahmen beeinflusst werden. Zählen Sie auf:

1. ....
2. ....
3. ....
4. ....

Gräser

Sie sind an folgenden Merkmalen zu erkennen:

Blatthäutchen

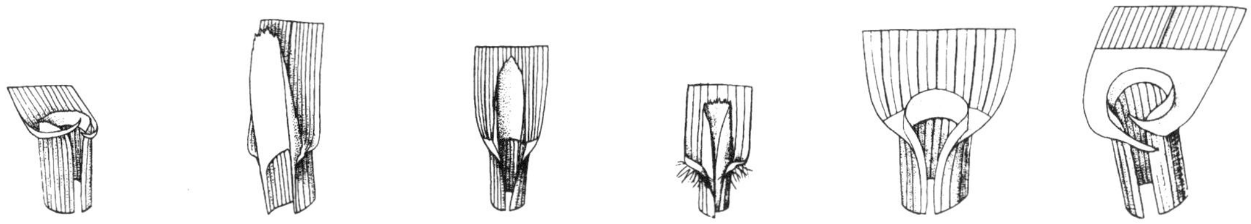

Form	....	....	....	....	....	....
Beispiel	....	....	....	....	....	....

Blattspreite

Stängel

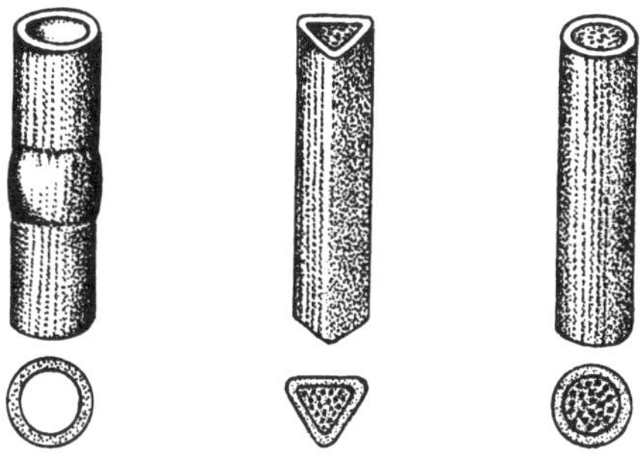

Beschaffenheit und Form	....	....	....	....	....	....
Beispiel	....	....	....	....	....	....

Blütenstand

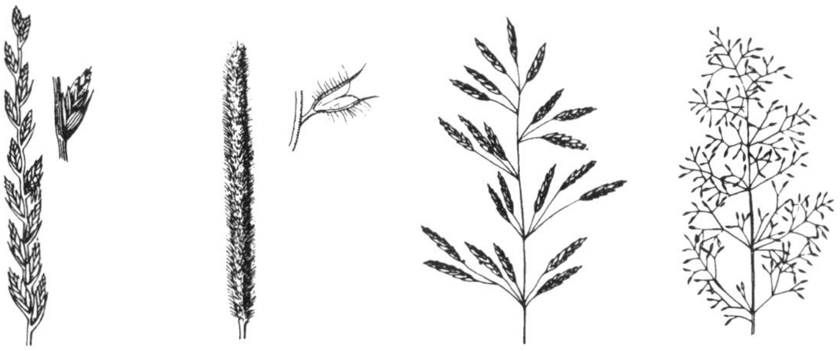

Wuchsform

Form	....	....	....	....	....	....
Beispiel	....	....	....	....		

Obergräser

Bezeichnen Sie die Gräser und geben Sie die Merkmale an:

Name	…………	…………	…………	…………	…………
Blütenstand	…………	…………	…………	…………	…………
Ährchen	…………	…………	…………	…………	…………
Blatthäutchen	…………	…………	…………	…………	…………
Blütezeit	…………	…………	…………	…………	…………
Blattöhrchen	…………	…………	…………	…………	…………

Untergräser

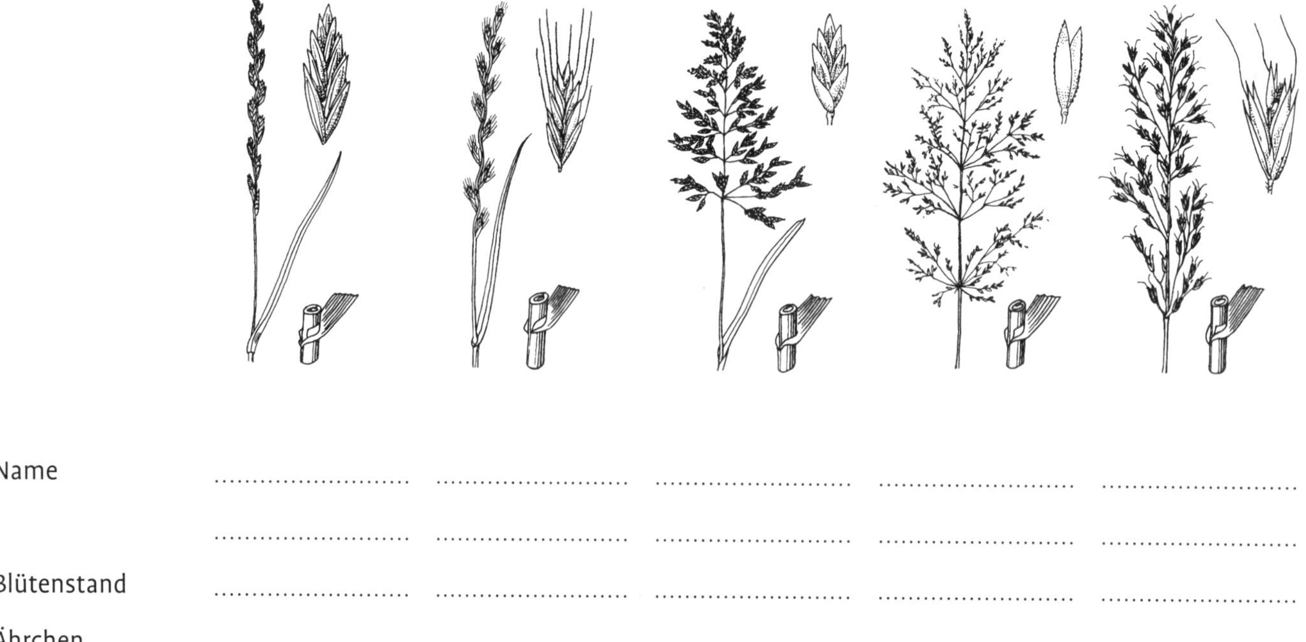

Name	…………	…………	…………	…………	…………
	…………	…………	…………	…………	…………
Blütenstand	…………	…………	…………	…………	…………
Ährchen	…………	…………	…………	…………	…………
Blatthäutchen	…………	…………	…………	…………	…………
Blattöhrchen	…………	…………	…………	…………	…………

Leguminosen

Benennen Sie die Pflanzen

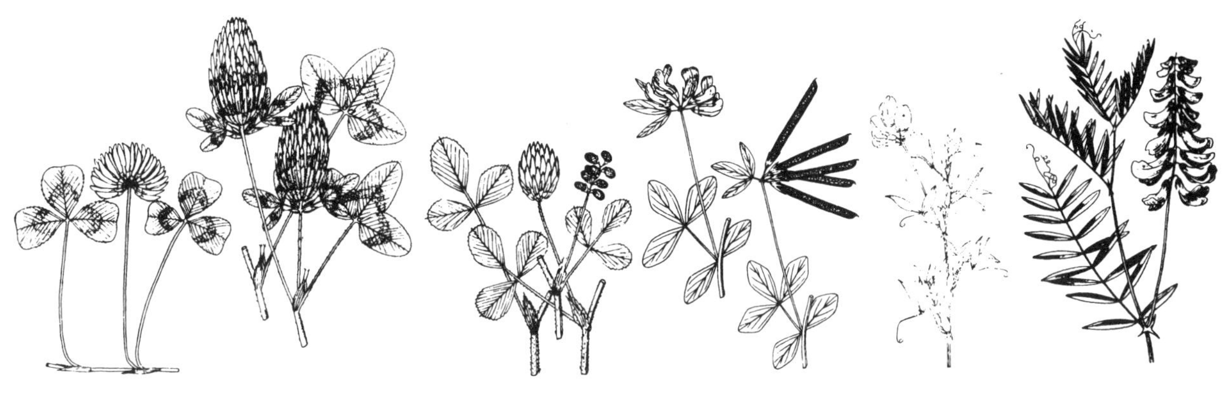

....

Welche Bedeutung haben Leguminosen?

....

....

....

Welche Maßnahmen fördern die Vermehrung der Leguminosen?

....

....

....

Kräuter

Welche Bedeutung haben Kräuter?

....

....

Zählen Sie erwünschte Kräuter auf:

....

....

Treten diese Kräuter jedoch in Massen auf so werden sie Unkräuter.

Unkräuter und Giftpflanzen

Name	Schaden durch	Vorbeugung, Bekämpfung
....	....	....
....	....	....
....	....	....
....	....	....
....	....	....

Bewertung und Pflege von Grünland

Die Qualität des Grünlands wird bestimmt durch die Zusammensetzung des Pflanzenbestandes und anhand einer möglichen Narbenschädigung.

Nennen Sie Ursachen für die Verschlechterung von Grünland.

Direkte:

....

....

....

....

....

Indirekte

....

....

....

Mit Hilfe welcher Maßnahmen kann eine Verbesserung erzielt werden?

....

....

Beschreiben Sie die mechanischen Pflegemaßnahmen und ihre Bedeutung sowie ihren Zeitpunkt.

a) ....

....

....

b) ....

....

....

c) ....

....

....

d) ....

....

....

Regelung der Wasserverhältnisse

Grünland braucht mehr Wasser als Ackerland. Begründen Sie diese Aussage.

....

....

Was sind die Voraussetzungen für intensive Grünlandwirtschaft?

....

....

Stauende Nässe ist nicht erwünscht. Begründen Sie dies.

....

....

Nennen Sie Maßnahmen zur Erhaltung einer guten Entwässerung.

....

....

Düngung

Nach welchen Gesichtspunkten richtet sich die Nährstoffversorgung?

....

....

Berichten Sie über den Einsatz von Mineraldünger im Grünland.

....

....

Berechnen Sie die Reinnährstoffe für eine vierschürige Wiese bei einer Versorgungsstufe C und einem Ertrag von 77 dt/ha nach der Tabelle (Anhang).

N: .... P_2O_5 ....

K_2O .... MgO ....

Auf Weiden sind natrium- und magnesiumhaltige Düngemittel notwendig. Begründen Sie dies:

....

....

Was ist beim Einsatz wirtschaftseigener Düngemittel auf Grünland zu beachten?

....

....

Einfluss der Düngung auf die botanische Zusammensetzung des Pflanzenbestandes:

% Anteil	Ohne Düngung	K	NK	PK	NPK
Gräser	58	65	69	56	70
Klee	9	10	7	24	12
Kräuter	33	25	24	20	18

Nährstoffe Wirkung auf den Pflanzenbestand

N ....

PK ....

NPK ....

Gülle ....

Nutzung

Grünland kann vielseitig genutzt werden, die Nutzung erfolgt zu unterschiedlichen Zeiten.

Tragen Sie Nutzungsart und die richtigen Zeitpunkte ein.

Wuchshöhe/Wachstumsabschnitt

cm
70
60
50
40
30
20
10
0

....

Nutzung ....

Die Nutzung des Grünlands sollte während des Jahres wechseln. Nennen Sie Beispiele:

1. Nutzung: .... 2. Nutzung: .... 3. Nutzung: ....

Warum ist eine vielseitige Nutzung vorteilhaft?

....

....

....

Erklären Sie den Einfluss von Schnitthäufigkeit und Düngung auf den Ertrag und den Energiegehalt einer weidelgrasreichen Wiese.

....

....

....

....

....

....

....

....

Beschreiben Sie die Zusammenhänge zwischen Energiekonzentration und Nutzungsintensität.

....

....

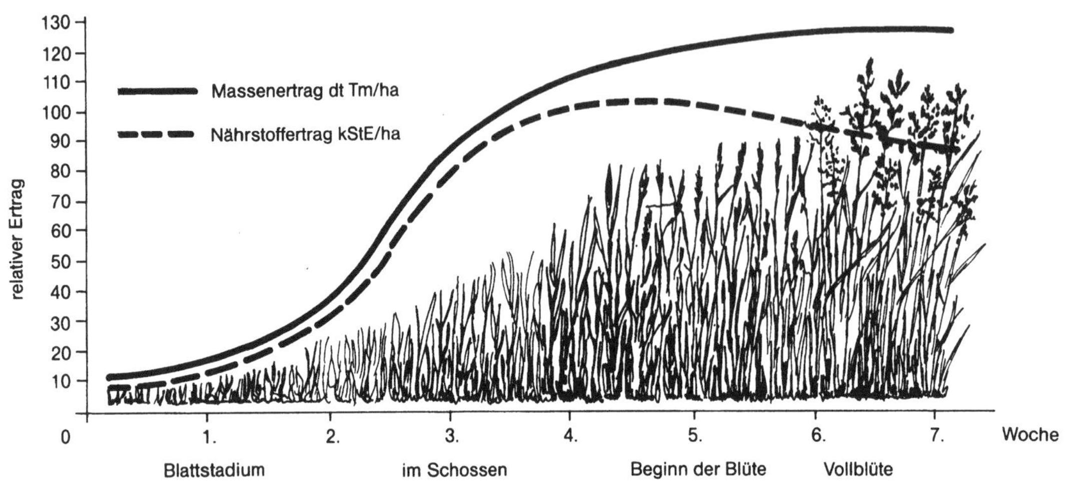

Nennen Sie den günstigsten Zeitpunkt und begründen Sie Ihre Aussage.

....

....

Weideformen

Bezeichnen Sie und vergleichen Sie die Weideformen.

a) .... b) .... c) ....

Koppelzahl ....

Fresszeit ....

Ertrag ....

Arbeitsaufwand ....

Für die Weidewirtschaft gilt der Grundsatz: Kurze Fresszeit, ...

Vergleichen Sie die Weideformen nach dem täglichen Futterangebot und der Futterqualität:

....

....

Der Graszuwachs ist während der Vegetationszeit sehr unterschiedlich. Welche Folgerungen ergeben sich daraus für die Praxis?

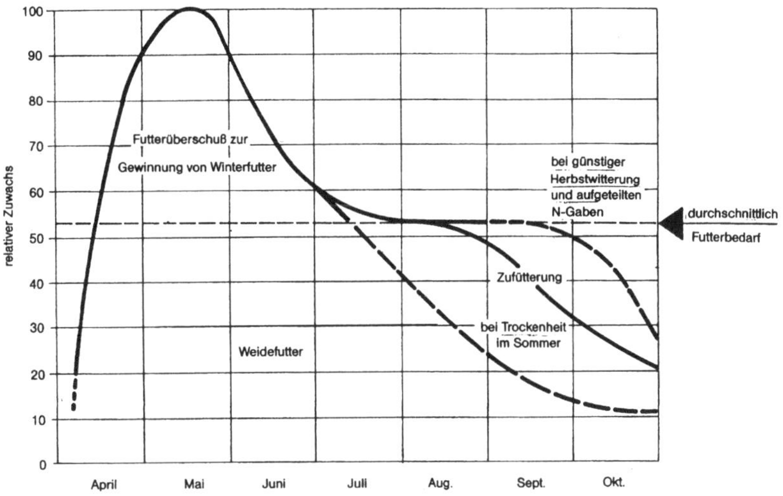

....

....

....

....

....

....

....

Weideeinrichtungen

Der Besitzer haftet für alle Schäden, die sein Vieh anrichtet. Weiden müssen ausbruchsicher sein. Wie kann man das billig und dauerhaft machen?

....

....

....

Die Portionsweide verlangt ein häufiges Umsetzen des Weidezaunes. Wie lässt sich das einfach und rasch durchführen?

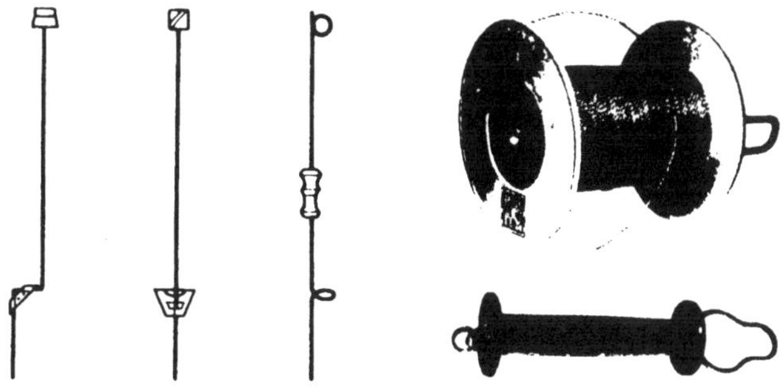

....

....

....

....

....

....

Wie überwacht man die Funktionsfähigkeit des elektrischen Weidezauns?

Die Tiere sollen sich auf der Weide wohlfühlen. Welche Einrichtungen sind dafür notwendig?

Täglicher Bedarf an Trinkwasser

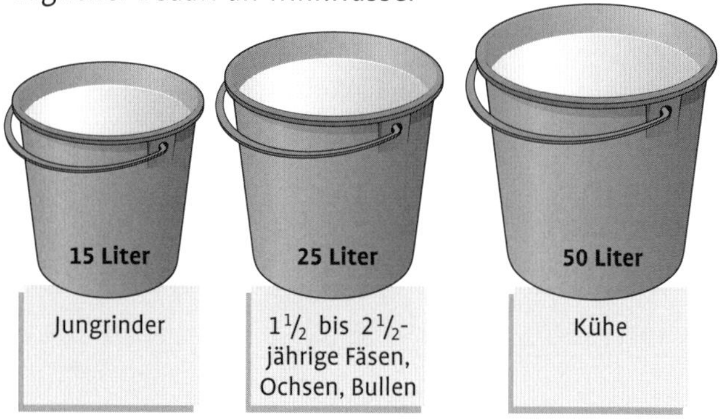
15 Liter
Jungrinder
25 Liter
1½ bis 2½-jährige Fäsen, Ochsen, Bullen
50 Liter
Kühe

Welche Parasiten befallen Weidetiere? Wie können sie bekämpft werden?

Parasiten

Bekämpfung

13 Futterkonservierung

Gärfutterbereitung

Welche Bedeutung hat die Bereitung von Gärfutter?

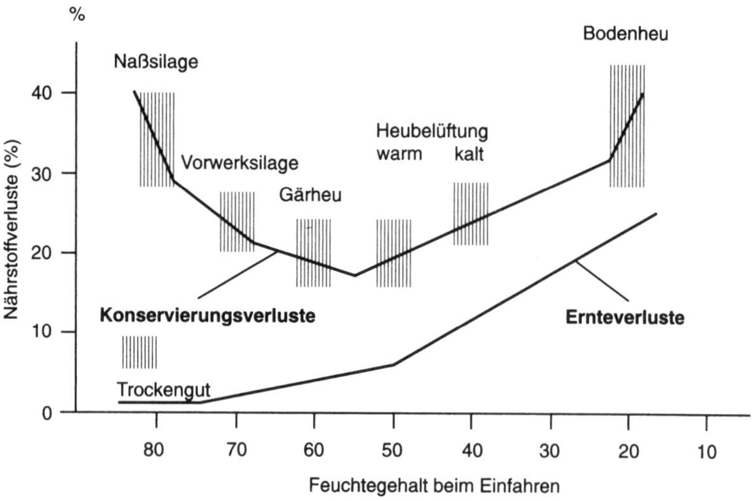
%
Nährstoffverluste (%)
40
30
20
10
0
Naßsilage
Vorwerksilage
Gärheu
Heubelüftung
warm
kalt
Bodenheu
Konservierungsverluste
Ernteverluste
Trockengut
80
70
60
50
40
30
20
10
Feuchtegehalt beim Einfahren

Nennen Sie die Ziele der Gärfutterbereitung:

....

....

....

....

....

....

....

Unter Luftabschluss wird .... des Grünfutters durch Mirkoorganismen vergoren. Durch die so entstehende Säurebildung wird ....

Der konservierende Effekt der Gärfutterbereitung liegt daher in erster Linie in der .... durch die .... Durch den Luftabschluss des Futters werden aerobe Abbauprozesse unterbunden und anaerobe Prozesse gefördert.

Vom Zuckergehalt hängt ab, ob .... für die Milchsäurebakterien zur Verfügung steht und sie so reichlich Milchsäure bilden können. Eiweiß hingegen .... die Säurewirkung.

Ist der Rohfasergehalt zu hoch, so wird die .... im Silo erschwert. Viel Wasser im Futter hat hohe .... zur Folge und somit auch unerwünschte ....

Die **Silierfähigkeit** von Futterpflanzen ist sehr unterschiedlich. Sie ist abhängig vom Zucker-Rohprotein-Verhältnis, aber auch vom ....

Ergänzen Sie

Leicht silierbar	Mittel	Schwer silierbar
....	....	....
....	....	....
....	....	....
....	....	....
....	....	....
....	....	....
Zucker : Rohprotein 1 : 0,4		Zucker : Rohprotein 1 : 0,8

Der Nährstoffertrag hängt vom Erntezeitpunkt ab. Geben Sie die Wachstumsabschnitte für Siloreife an bei:

Gräsern: .... Kleearten: .... Getreide (GPS): ....

Silomais: .... Körnermais (LKS): ....

Das Futter ist zu Beginn mit vielen verschiedenen **Mikroorganismen** besiedelt. Sie unterscheiden sich in ihren Ansprüchen und in ihrer Wirkung auf den Gärverlauf.

Ergänzen Sie die Tabelle.

MO-Gruppe	Verhalten zu O_2	Untere pH-Wachstumsgrenze	Kohlenhydrat-vergärung	Eiweißabbau
Milchsäure-bakterien				
Coli-Aerogenes-Gruppe				
Clostridien				
Saccharolyten				
Proteolyten				
Fäulnisbakterien				
Hefen				
Schimmelpilze				

Der **Gärverlauf** lässt sich in 5 Phasen aufteilen. Beschreiben Sie diese.

1. Phase aerobe Stoffumsetzung:

....

....

....

2. Phase Übergang zu anaeroben Bedingungen:

....

....

....

3. Phase Hauptgärung:

....

....

....

4. Phase Beendigung der Milchsäuregärung:

....

....

....

5. Phase Laktatabbau:

....

....

....

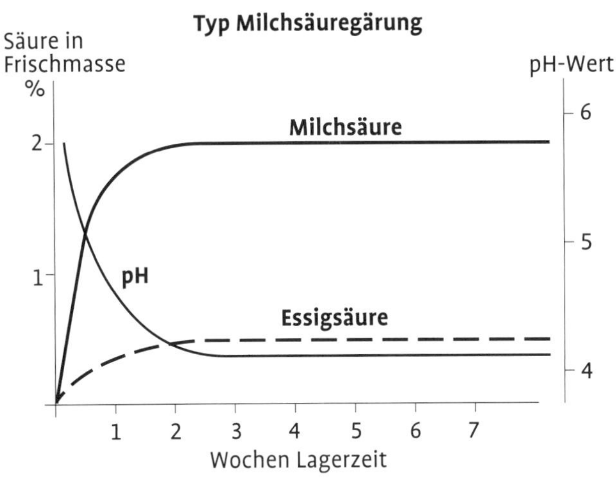

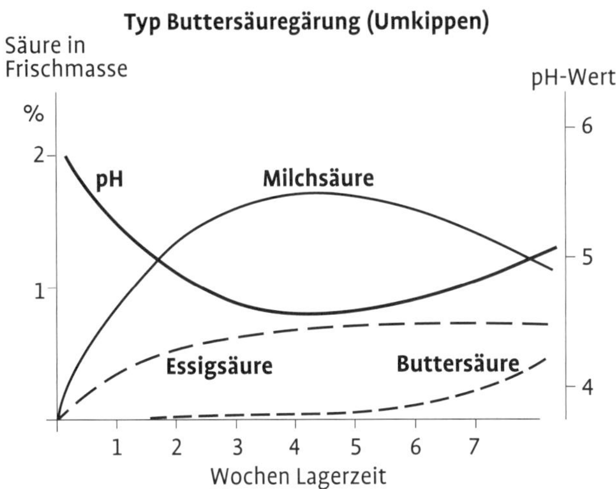

Fehlentwicklung bei Silage kann verschiedene Ursachen haben

Fehlentwicklung	Ursachen	Auswirkungen	Vermeidung
a)	....	....	....
....	....	....	....
....	....	....	....
....	....	....	....
....	....	....	....
....	....	....	....
b)	....	....	....
....	....	....	....
....	....	....	....
....	....	....	....
....	....	....	....
c)	....	....	....
....	....	....	....
....	....	....	....
....	....	....	....
....	....	....	....
....	....	....	....
d)	....	....	....
....	....	....	....
....	....	....	....
....	....	....	....
....	....	....	....
....	....	....	....
e)	....	....	....
....	....	....	....
....	....	....	....
....	....	....	....
....	....	....	....
....	....	....	....

Silierzusätze

Unter günstigen Bedingungen sind keine Silierzusätze notwendig.
Auch wenn Siliermittel den Gärverlauf in gewünschter Weise beeinflussen können, sind sie nicht in der Lage, schwerwiegende ackerbauliche Mängel und Fehler in der Siliertechnik in vertretbarem Maße auszugleichen.

Unterteilt werden Silierzusätze in

1. ....

2. ....

3. ....

Geprüft werden die Mittel von der DLG. Klassifiziert werden sie nach Wirkungsrichtungen und Anwendungsbereichen.

Nennen Sie die 6 Wirkungsrichtungen.

....

....

....

....

....

....

....

Siliertechnik

Alle Arbeiten haben das Ziel, den Gärverlauf zu verbessern und die Lebensbedingungen der .... zu fördern. Zählen Sie die notwendigen Maßnahmen auf und begründen Sie:

Maßnahme	Begründung
....	....
....	....
....	....
....	....
....	....
....	....
....	....

Silobehälter

Die Behältergröße richtet sich nach a) .... b) ....

Berechnen Sie den Siloraum je GV für 200 Futtertage bei einer Tagesration von 25 bzw. 40 kg/GV.

Das Raumgewicht schwankt je nach TS-Gehalt zwischen 450 und 900 kg Futtermasse/m^3.

Tagesration	25 kg	40 kg
Gesamtbedarf in dt	....	....
Siloraumbedarf (1 m³ ~ 0,5 dt	....	....
+10 % Zuschlag (Leerraum)	....	....
Raumbedarf insgesamt	....	....

Einlagerungs- und Walzschlepper
2-4 m
mind. 4 m
mind. 20 m
Futter-Schnell-entleerung
10 m

Geschlossenes Hochsilo

Bezeichnung	Vorteile:	Nachteile:
....	....	....
....	....	....
....	....	....
....	....	....
....	....	....
....	....	....
....	....	....
....	....	....
....	....	

Was ist beim Befüllen von Fahrsilos zu beachten?

....

Sandsäcke
Deckfolie
Saugfolie

Was ist beim Abdecken zu beachten?

1. ....

2. ....

3. ....

Bei der Heuwerbung entstehen Nährstoffverluste. Ergänzen Sie folgende Tabelle:

Verluste entstehen durch	Verluste in %	*Maßnahmen zur Verringerung der Verluste:*
....	....	....
....	....	....
....	....	....
....	....	....

Wie lässt sich der Wassergehalt praktisch feststellen?

Wassergehalt in %	Zustand des Futters
60–75	....
50–60	....
45–50	....
35–45	....
30–35	....
20–30	....

Zeichnen Sie in einer Kurve den Trocknungsverlauf bei guter Witterung und zügiger Bearbeitung ein. Kreuzen Sie den Zeitpunkt der Einbringung an.

für Silofutter rot

für Unterdachtrocknungsheu grün

für Bodenheu blau

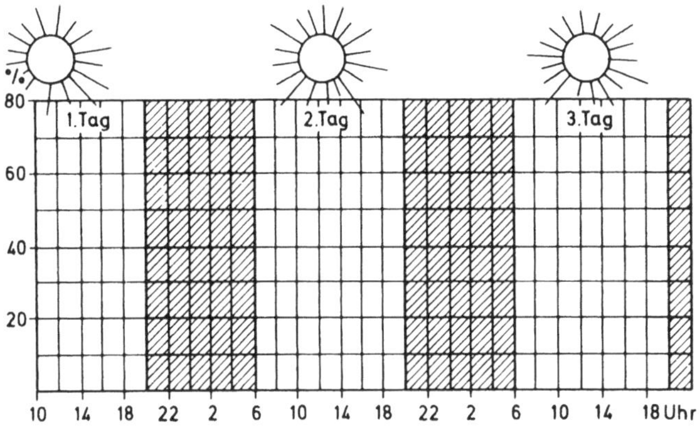

%
80
60
40
20
1.Tag
2.Tag
3.Tag
10 14 18 22 2 6 10 14 18 22 2 6 10 14 18 Uhr

Bodentrocknung

Eine rasche Trocknung ist nur zu erreichen durch:

....

....

Alle Arbeiten haben das Ziel,

....

....

Ergänzen Sie die Tabelle:

Arbeiten	Günstiger Zeitpunkt	Gerät und Arbeitsweise
....	....	....
....	....	....
....	....	....
....	....	....
....	....	....

Nennen Sie die drei wichtigsten Bergeverfahren und zählen Sie die passenden Maschinen auf:

....

....

....

....

Unterdachtrocknung

Fassen Sie die Unterdachtrocknung zusammen:

....

....

....

....

Wassergehalt des Heus beim Einfahren ab: ....

Wie wird dem Heu das Wasser entzogen?

....

....

....

Belüftungssysteme:

Zeichnen Sie die Luftführung ein

Stapelhöhe	....	....
Geeignet für:	....	....
	....	....
	....	....

Entscheidend für eine gute Trocknung ist der Wassergehalt der Luft (siehe Luftfeuchtigkeit).

Zeichnen Sie auf dem abgebildeten Hygrometer den günstigsten Bereich für die Belüftung ein.

Zu welchen Tageszeiten kann man lüften?

....

Feuchtigkeits-
messer
relative
Luftfeuchtigkeit
0 10 20 30 40 50 60 70 80 90 100

Gegen Ende des Trocknungsvorganges sollte die Luftfeuchtigkeit nicht über 65 % liegen. Wie verhält man sich an Tagen mit hoher Luftfeuchtigkeit?

....

Die Temperatur im Heustock ist nach der Einlagerung zu kontrollieren mit

....

Nährstoffverluste treten auf ab ....,

Brandgefahr besteht bei ....

Unterdachtrocknung mit Warmluft

Welche Vorteile bringt die Belüftung mit Warmluft?

....

....

....

....

....

Wandung fugenlos
Gebläse
angewärmte
Luft

Welche Verfahren werden angewendet?

....

....

....

....

....

14 Anhang

Tab. A1 Nährstoffentzüge (dt/ha) einiger Ackerkulturen in Erntegut und Ernterest bei unterschiedlicher Ertragserwartung

Fruchtart	Erntegut (z. B. Korn, Knolle, Rübe)					Ernterest (z. B. Stroh, Kraut, Blatt)				
	dt/ha	N	P_2O_5	K_2O	MgO	dt/ha	N	P_2O_5	K_2O	MgO
Winterweizen 14 % RP	60	127	48	36	12	48	24	14	67	10
	80	169	64	48	16	64	32	19	90	13
	100	211	80	60	20	80	40	24	112	16
Wintergerste 13 % RP	60	107	48	36	12	42	21	13	71	8
	80	143	64	48	16	56	28	17	95	11
Winterroggen 12 % RP	50	83	40	30	10	45	23	14	90	9
	70	116	56	42	14	63	32	19	126	13
	90	149	72	54	18	81	41	24	162	16
Triticale 13 % RP	70	125	56	42	14	63	32	19	107	13
	90	161	72	54	18	81	41	24	138	16
Hafer 12 % RP	60	99	48	36	12	66	33	20	112	7
	80	132	64	48	16	88	44	26	150	9
Körnermais	80	121	64	41	16	80	72	17	160	20
	100	151	80	51	20	100	90	21	200	25
CCM	120	120	60	48	24	120	108	25	240	30
	145	145	73	58	29	145	131	30	290	36
Silomais	400	152	64	180	44					
	550	209	88	248	61					
Ackerbohne	40	164	48	56	8	40	60	12	104	16
	50	205	60	70	10	50	75	15	130	20
Erbse	40	144	44	56	8	40	60	12	104	20
	50	180	55	70	10	50	75	15	130	25
Winterraps	35	117	63	35	18	60	42	24	149	9
	45	151	81	45	23	77	54	31	191	11
Zuckerrübe	550	99	55	138	44	385	154	42	231	39
	650	117	65	163	52	455	182	50	273	46
Kartoffel	400	140	56	240	16	80	16	3	29	6
	500	175	70	300	20	100	20	4	36	8

Tab. A2 Versorgungsbereiche der Bodennährstoffe und Düngungsempfehlungen

Nährstoff	Nutzung	Bodenart	Nährstoffgehalt in mg/ 100 g Boden				
			A sehr niedrig	B niedrig	C anzustreben	D hoch	E sehr hoch
P_2O_5	Acker und Grünland	S, lS, sU, ssL, lU, sL, uL, L	bis 3	4–9	10–18	19–32	ab 33
		utL, tL, T, flachgründiger S	bis 5	6–13	14–24	25–38	ab 39
K_2O	Acker und Grünland	S	bis 2	3–5	6–12	13–19	ab 20
		lS, sU, ssL, lU, sL, uL, L	bis 3	4–9	10–18	19–32	ab 33
		utL, tL, T	bis 5	6–13	14–24	25–38	ab 39
MgO	Ackerland	S, lS, sU	bis 1	2	3–4	5–7	ab 8
		ssL, lU, sL, uL, L	bis 2	3	4–6	7–10	ab 11
		utL, tL, T	bis 3	4–5	6–9	10–14	ab 15
	Grünland	Alle Böden	bis 3	4–7	8–12	13–18	ab 19
Düngeempfehlungen			Stark erhöhte Düngung	Mäßig erhöhte Düngung z. B. 150 %	Erhaltungsdüngung in Höhe des Entzuges	Verringerte Düngung z. B. 50 %	Keine Düngung

S = Sand, lS = lehmiger Sand, sU = sandiger Schluff, ssL = stark sandiger Lehm, lU = lehmiger Schluff, sL = sandiger Lehm, uL = schluffiger Lehm, L = Lehm, utL = schluffig toniger Lehm, tL = toniger Lehm, T = Ton

Tab. A3 Nährstoffentzüge des Dauergrünlandes in Abhängigkeit von Pflanzenbestand und Schnitthäufigkeit

Nutzung	Ertrag dt/ha TM	Weideanteil	Entzug in kg/dt TM			
			N	P_2O_5	K_2O	MgO
Streuwiese	34	0 %	1,28	0,46	1,81	0,33
Wiese 2 Schnitte	47	0 %	1,82	0,65	2,41	0,40
Wiese 4 Schnitte	77	0 %	2,72	0,81	3,13	0,45
Wiese 5 Schnitte	94	0 %	2,80	0,87	3,25	0,45
Mähweide extensiv	59	20 %	1,98	0,69	2,65	0,40
Mähweide intensiv	80	60 %	2,82	0,85	3,25	0,45
Weide extensiv	55	100 %	2,00	0,71	2,77	0,40
Weide intensiv	77	100 %	2,88	0,89	3,37	0,45
Almen	34	100 %	2,24	0,73	2,77	0,40

Tab. A4 Mittlere Nährstoffgehalte organischer Dünger

Dünger	TS %	Gesamt-N	davon NH_4-N	P_2O_5	K_2O	MgO
Festmist	**Gehalte in kg/t**					
Rindermist	25	6,1	1,2	3,2	12,5	1,3
Schweinemist	25	7,1	1,8	5,4	6,5	2,2
Pferdemist	25	4,5	1,4	3,8	6,0	1,8
Schafmist	30	9,0	2,7	5,4	19,5	1,8
Geflügelmist	30	16,9	5,9	15,2	17,4	3,8
Hühnertrockenkot	45	25,7	9,8	20,7	18,0	6,9
getrockneter Hühnerkot	70	32,1	11,0	30,9	21,8	7,9
Gülle	**Gehalte in kg/m^3**					
Rindergülle	8	3,8	1,9	1,5	5,3	0,8
Schweinegülle	8	7,5	4,9	5,2	5,1	0,8
Jauche	**Gehalte in kg/m^3**					
Rinderjauche	2	2,2	1,9	0,2	7,8	0,1
Schweinejauche	2	2,5	2,2	0,9	3,6	0,1
organische Dünger						
Grüngutkompost	60	6,4	0,4	3,4	5,3	4,3
NawaRo-Gärrest	7	4,9	2,4	2,0	5,2	0,8